厚 基础 · 促 应用 · 强 交叉

人工智能人才培养新形态精品教材

U0740639

深度学习
案例实战

赵卫东◎编著

Deep Learning
Case Practice

人民邮电出版社
北京

工信学术出版基金
Industry and Information Technology
Academic Publishing Fund

图书在版编目（CIP）数据

深度学习案例实战 / 赵卫东编著. -- 北京 : 人民邮电出版社, 2024. --（人工智能人才培养新形态精品教材）. -- ISBN 978-7-115-65602-5

Ⅰ. TP181

中国国家版本馆 CIP 数据核字第 202431T44F 号

内 容 提 要

本书涵盖多个领域的深度学习应用案例，旨在通过具体的案例阐述典型深度学习算法在图像分类、声音识别、目标检测等多个领域的应用。本书的案例包括太阳黑子智能分类、气象预测、食物咀嚼声音分类、智能厨房、智能冰箱食材识别、集体照人脸识别、遛狗牵绳智能检测、智能药品识别、道路裂缝检测、学生课堂行为检测、水边垂钓行为检测、主副驾驶员安全带佩戴情况检测等。这些案例旨在通过解决实际问题帮助读者深入理解深度学习算法的应用和实践。

本书可作为高等院校相关专业深度学习课程的教材，也适合作为具有一定深度学习算法基础的大学生、研究生和社会人士学习深度学习的参考书。

◆ 编　著　赵卫东

责任编辑　张　斌

责任印制　陈　犇

◆ 人民邮电出版社出版发行　　北京市丰台区成寿寺路 11 号

邮编　100164　电子邮件　315@ptpress.com.cn

网址　https://www.ptpress.com.cn

三河市兴达印务有限公司印刷

◆ 开本：787×1092　1/16

印张：12　　　　　　　　2024 年 12 月第 1 版

字数：313 千字　　　　　2024 年 12 月河北第 1 次印刷

定价：52.00 元

读者服务热线：(010)81055256　印装质量热线：(010)81055316

反盗版热线：(010)81055315

广告经营许可证：京东市监广登字 20170147 号

前　言

深度学习作为人工智能的核心技术，已广泛应用于多个领域。随着对深度学习专业知识需求的不断增长，实用性案例的学习变得至关重要。

本书立足于新工科背景，强调深度学习的实际应用，旨在帮助读者灵活运用所学知识解决复杂的工程问题。通过深度学习案例库，读者能深入地理解深度学习的核心算法，将所学知识转化为解决实际问题的技能，从而进一步提升工程实践和创新能力。

深度学习项目的开发涉及大量代码的编写和复杂的调试，这对初学者来说是个挑战。因此，低代码开发平台对开发深度学习项目尤为重要。这些平台具有丰富的预训练模型库，使开发者能够直接选择适合项目的模型，而不用从头开始构建。这些预训练模型经过大规模数据训练和优化，具备良好的性能和泛化能力。基于低代码开发平台的深度学习项目还能实现代码复用和模块化，从而提高开发效率和代码可维护性。

本书的特色之一是采用了阿里云魔搭（ModelScope）低代码开发平台。魔搭作为一款强大的工具，为用户提供了丰富的预训练模型库和训练环境，简化了高质量模型的选择过程，并且可以通过补充数据和优化模型来满足特定需求。魔搭的低代码开发环境使搭建深度学习模型变得简单，极大地提高了开发效率并降低了开发难度。读者可以通过该平台快速构建、训练和部署深度学习模型，加快项目原型开发。

本书的另一个特色是关注边缘计算需求，并使用 OpenVINO 进行推理加速。边缘计算对快速推理的要求很高，而 OpenVINO 能够优化和加快深度学习模型的推理过程。本书将介绍如何在边缘设备上使用 OpenVINO 进行模型优化和推理加速，以满足实时推理的实际需求。读者将学习如何利用 OpenVINO 的功能和特性，使模型在边缘设备上更高效地进行推理，满足实时应用要求。

本书对低代码开发平台魔搭和深度学习加速器 OpenVINO 这两个工具的使用案例进行详尽的分析，读者可以从中学习如何利用这两个工具来加快深度学习项目的开发和推理过程。

本书每章都配备了思考题，以帮助读者巩固和拓展知识。通过学习本书，读者能够深入了解项目开发过程，掌握深度学习算法的实际应用，培养解决实际问题的能力，并学会使用阿里云魔搭低代码开发平台和 OpenVINO 进行边缘计算推理加速。希望本书能成为深度学习实践者的宝贵资源，助其有效地应用深度学习技术完成实际项目。

感谢英特尔（Intel）公司和阿里云计算有限公司对本书的支持。在本书编写过程中，作者得到了高升、路明、吴乾弈、胥勋亮、许震宇、叶江、徐毅等人的大力协助，在此表示衷心的感谢。

赵卫东

2024 年 5 月

目 录

第 1 章

低代码开发和
加速平台

【本章导读】

　　深度学习项目有一定的复杂性，而阿里云的魔搭（ModelScope）低代码开发平台提供了丰富的深度学习预训练模型，可针对特殊场景做微调和优化，提升深度学习模型训练和优化的效率。使用魔搭功能可以大大加快深度学习模型的开发和部署，同时提高模型的准确性和创建效率。移动端推理是一个具有挑战性的领域，因为移动设备的计算资源有限。在这种情况下，利用 OpenVINO 的推理加速功能可以优化深度学习模型，以适应边缘端的部署和应用。OpenVINO 提供了一系列的优化技术，包括模型变换、量化和硬件加速等，可大幅提升推理速度和效率。通过将深度学习模型部署到移动设备上，并利用硬件加速器，可以实现实时的推理和响应，使移动端应用能提供更好的用户体验。

深度学习项目通常需要进行大量的数据预处理、模型构建和调试等工作，而低代码开发可以简化开发流程，减少开发人员的工作量和时间成本。低代码开发平台提供了高级抽象化的模型构建方式，隐藏了复杂的底层细节，使得开发人员能够更专注于分析思路的实现。低代码开发平台还提供集成化的开发环境，具备数据预处理、模型训练、评估和部署等功能，方便开发人员进行端到端的开发工作，并将开发好的模型快速部署到生产环境中。

对深度学习预训练模型进行模型压缩、模型加速、模型量化和模型剪枝等操作，不仅可以提高推理的速度，实现实时响应，还能增强隐私保护和节省网络带宽。在某些应用场景（例如无人驾驶、智能监控等）中，需要对数据进行实时处理和做决策，推理加速能够提供更快的响应。

1.1　深度学习项目需求

（1）快速搭建原型

在当前的深度学习领域中，迁移学习已成为一个重要的技术。迁移学习允许利用在大型数据集上预训练的模型，将其知识和结构迁移至新的、相对较小或特定领域的数据集上，从而加快模型的训练过程并提升性能。

此外，网络优化也是项目成功的关键。优化工作包括网络结构的调整、参数更新策略的选择、正则化方法的引入等多个方面。通过细致的调整和优化，可以进一步提升模型的性能，减少出现过拟合现象，并使模型更加稳定。

（2）低代码开发平台

为了满足项目对快速搭建原型的需求，需要功能强大且易于使用的低代码开发平台。这样的平台应该提供一套完整的工具链，具备数据预处理、模型训练、评估与部署等功能，使开发者能够通过简单的配置和少量的代码快速构建出深度学习应用的原型。

平台的核心组成部分之一是预训练模型库。这个库应该包含多种类型的预训练模型，覆盖图像识别、语音识别与合成、自然语言处理等不同的领域。每个模型都应该提供详细的文档和接口说明，以便开发者轻松地将它们集成到自己的应用中。

除了模型库，平台还应该提供一套完善的模型训练和调优工具。这些工具应该支持多种优化算法、学习率调整策略以及正则化方法，使开发者能够根据自己的需求对模型进行灵活的配置和调整。

此外，平台还应该具备强大的数据管理能力，能够进行数据的导入、清洗、标注以及增强等操作，以便开发者轻松地处理和准备数据，为模型的训练提供高质量的输入。

（3）模型加速与量化

在边缘计算领域，模型的推理速度和资源消耗是极为重要的考量因素。为了支持在边缘设备上的实时应用，需要对优化后的模型进行加速和量化。

模型加速主要通过优化模型的计算图和利用高效的计算库来实现，包括减少模型中的冗余计算和内存访问、利用硬件加速特性以及优化模型的并行化策略等。这些手段可以显著提高模型的推理速度，减少延迟，从而满足实时应用的需求。

模型量化则是一种减小模型和降低计算复杂度的有效方法。通过将模型的权重和激活值从浮点数转换为低精度数值（如 8 位整数），可以显著减少模型所需的存储空间和计算资源。同时，量化还可以提高模型的稳健性，有效避免模型性能因数值精度问题而下降。

1.2　ModelScope 简介

随着人工智能（Artificial Intelligence，AI）的飞速发展，ModelScope 应运而生，成为阿里

云计算在 AI 领域的重要平台之一，如图 1.1 所示。从最初的模型共享平台到一站式模型服务产品，ModelScope 不断进化，满足了 AI 开发者日益增长的需求。

图 1.1　ModelScope 平台

1. ModelScope 的功能

ModelScope 的功能涵盖模型共享与服务、数据集共享、模型推理与预测、模型训练与调优等多个方面。

（1）模型共享与服务。ModelScope 提供了一个庞大的模型库，其中包括预训练的 SOTA 模型、开源模型以及由阿里巴巴集团贡献的专业领域模型。这些模型经过了严格的筛选和测试，质量和性能均有保障。开发者可以直接下载并使用这些模型，也可以将自己的模型上传到平台与他人共享。ModelScope 还提供了模型版本管理功能，确保开发者能够追踪和使用最新版本的模型。

（2）数据集共享。除了模型，数据集也是 AI 开发过程中不可或缺的一部分。ModelScope 汇集了多个行业和学术领域（如自然语言处理、计算机视觉、语音识别与合成等）的公开数据集。这些数据集由阿里巴巴集团和开源社区共同贡献，为开发者提供了丰富、多样的数据资源。同时，ModelScope 还提供了数据集的搜索、下载和使用功能，方便开发者快速获取所需数据集。

（3）模型推理与预测。ModelScope 提供了基于模型的本地推理接口和线上模型推理预测服务。开发者可以在本地或云端使用模型进行推理和预测，以满足不同的场景需求。ModelScope 的推理服务支持多种编程语言（如 Python、Java 等）和框架，以便开发者轻松地将模型集成到自己的应用中。

（4）模型训练与调优。ModelScope 提供了简单、易用的模型训练与调优功能。开发者可以微调（Finetune）平台提供的预训练模型，以适应特定任务。通过简单的代码和少量的调整，开发者可以快速构建具有竞争力的行业模型。此外，ModelScope 还提供了多种训练策略和调优算法，帮助开发者提升模型的性能和模型训练与优化的效率。

（5）在线开发平台。为了方便开发者进行模型的开发和部署，ModelScope 提供了一个集成的在线开发平台。开发者可以在云端进行模型的训练、调优、部署和推理等操作，无须配置和维护复杂的本地环境。这一功能大大简化了 AI 开发过程，提高了开发效率。

2. ModelScope 的应用领域

ModelScope 支持多种算法和技术，这些算法和技术在各个领域都有着广泛的应用。

（1）自然语言处理（Natural Language Processing，NLP）。ModelScope 为 NLP 领域提供了丰富的算法，能完成文本分类、命名实体识别、情感分析、机器翻译等任务。平台提供了多种NLP 模型和数据集，支持多种语言和文本处理任务，可以帮助开发者解决文本分类、情感分析、问答系统等问题，提高完成 NLP 任务的准确性和效率。

（2）计算机视觉（Computer Vision，CV）。在 CV 领域，ModelScope 能完成图像分类、目标检测、图像生成、语义分割等任务。平台提供了多种 CV 算法，支持多种图像处理和分析任务。这些算法可以帮助开发者实现图像识别、人脸检测、目标跟踪等功能，广泛应用于安防、医疗、自动驾驶等领域。

（3）语音识别与合成。ModelScope 也为语音识别与合成领域提供了多种算法，能完成语音识别、语音合成、语音唤醒等任务。这些算法可以帮助开发者实现语音转文本、文本转语音等功能，广泛应用于智能家居、机器人等领域。

（4）多模态大模型。ModelScope 也提供了多模态大模型，支持跨模态的任务，例如图像标注、音频转文本等。相关算法可以帮助开发者处理多模态数据，推动 AI 技术在多媒体、社交媒体等领域的应用。

ModelScope 提供的主要模型如图 1.2 所示。

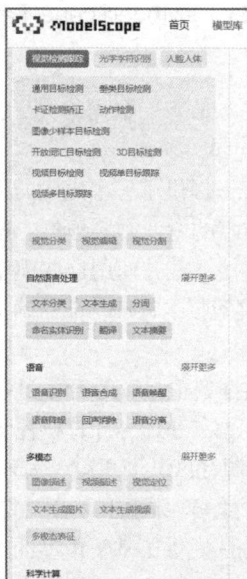

图 1.2　ModelScope 提供的主要模型

3. 使用 ModelScope 的基本步骤

使用 ModelScope 的基本步骤如下。

（1）浏览与选择模型。开发者首先需要在 ModelScope 平台注册账号并登录。登录后，开发者可以浏览平台上的模型库，根据项目需求选择合适的模型。ModelScope 提供了详细的模型描述和使用说明，帮助开发者了解模型的特点和使用方法。

（2）下载与使用模型。选择好模型后，开发者可以下载模型并在项目中使用。ModelScope 提供了多种下载方式和模型格式，方便开发者根据自己的需求进行选择和使用。

（3）数据准备与预处理。在使用模型之前，开发者需要准备好相应的数据并进行预处理。ModelScope 提供了数据集共享功能，开发者可以直接使用平台提供的数据集或上传数据集。

（4）模型推理与预测。准备好数据后，开发者可以利用 ModelScope 提供的推理接口进行模型的推理和预测。

（5）模型训练与调优。如果开发者需要对模型进行训练或调优，可以使用 ModelScope 提供的在线开发平台（支持 Jupyter Notebook 和 GPU）。通过简单的代码和少量的调整，开发者可以利用迁移学习、预训练模型进行微调，以适应特定任务。ModelScope 的模型训练如图 1.3 所示。

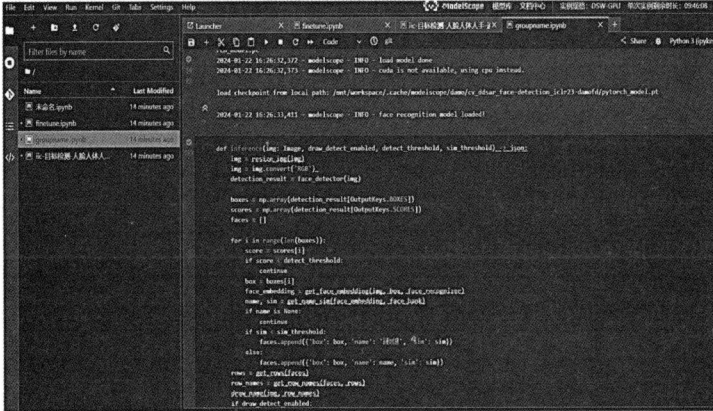

图 1.3　ModelScope 的模型训练

（6）模型部署与集成。完成模型的训练与调优后，开发者可以根据项目需求选择合适的部署方式，如云端部署、边缘计算等，将模型部署到实际的生产环境中，实现实时推理和预测。

1.3　OpenVINO 简介

OpenVINO（Open Visual Inference & Neural network Optimization，开放式视觉推理与神经网络优化）是英特尔（Intel）公司为了加速深度学习推理而推出的一款综合性工具套件。自推出以来，OpenVINO 凭借其强大的性能和灵活性在 AI 领域引起了广泛的关注。OpenVINO 的工具套件如图 1.4 所示。

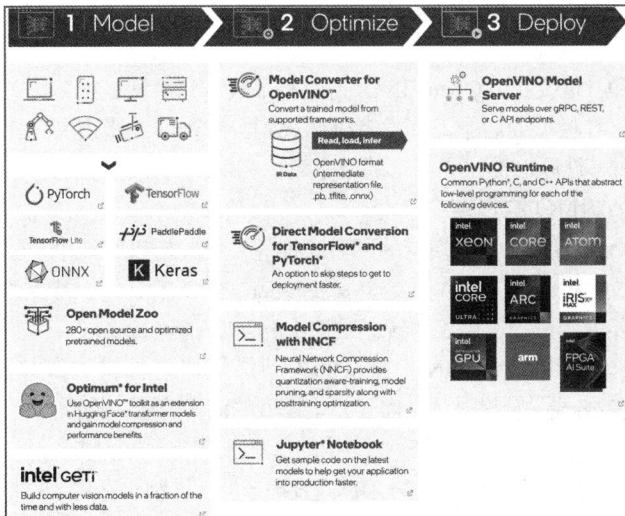

图 1.4　OpenVINO 的工具套件

1. OpenVINO 的发展

（1）早期阶段。OpenVINO 的初始版本主要关注模型的优化和加速，提供了一套将深度学习预训练模型（支持 TensorFlow、PyTorch、PaddlePaddle 等主流开源框架）转换为优化后的中间表示（Intermediate Representation，IR）格式的工具。这一阶段的 OpenVINO 注重提高模型在英特尔硬件上的推理速度，使开发者能够更快速地部署模型到实际应用中。

（2）功能扩展。随着版本的迭代，OpenVINO 的功能逐渐扩展。除模型优化和推理加速外，OpenVINO 还增加了对多平台的支持，包括英特尔的 CPU、GPU、FPGA、NPU 等硬件平台。这使得开发者能够根据不同的应用场景和硬件条件选择最合适的推理方案。同时，OpenVINO 还提供了丰富的 API（Application Program Interface，应用程序接口）和工具，方便开发者进行模型的部署、调试和优化。

（3）生态系统建设。为了进一步推动 OpenVINO 的应用和发展，英特尔还与合作伙伴共同构建了一个庞大的生态系统。这个生态系统包括硬件供应商、软件开发商、学术机构等多个组成部分，他们共同为 OpenVINO 提供支持并进行推广。通过这一生态系统，开发者可以获得更多的资源、技术支持和合作伙伴，从而更好地使用 OpenVINO 解决实际问题。

2. OpenVINO 的功能

OpenVINO 具备丰富的功能，旨在帮助开发者高效地进行深度学习模型的部署和推理，其主要功能如下。

（1）模型优化。OpenVINO 提供了模型优化器，可以将不同框架训练的模型转换为 OpenVINO 支持的 IR 格式。在转换过程中，优化器会对模型进行一系列优化操作，包括层融合、精度调整等，以提高模型在推理时的性能。

（2）推理加速。OpenVINO 利用英特尔硬件平台的优势，通过优化的推理引擎和底层库实现了高效的推理性能。无论是 CPU、GPU 还是 FPGA，OpenVINO 都能充分利用硬件资源实现模型的快速推理。

（3）多平台支持。OpenVINO 支持多种操作系统和硬件平台，包括 Windows、Linux、macOS 等操作系统，以及英特尔的 CPU、GPU、FPGA 等硬件平台。这使得开发者可以方便地将模型部署到不同的环境中，满足不同的应用需求。

（4）丰富的 API 和工具。OpenVINO 提供了丰富的 API 和工具，方便开发者进行模型的部署、调试和优化。开发者可以使用这些 API 和工具进行模型的加载、推理、结果处理等操作，还可以进行性能分析和调优。

（5）模型商店和社区支持。OpenVINO 还配备了模型商店和社区，为开发者提供更多的模型资源和技术支持。在模型商店中，开发者可以找到各种预训练模型和示例代码，方便快速地进行模型部署。同时，社区也提供了丰富的技术讨论和解决方案，帮助开发者解决遇到的问题。

3. 使用 OpenVINO 的步骤

使用 OpenVINO 进行深度学习模型的部署和推理一般包括以下几个步骤。

（1）安装和配置。在相应的操作系统上安装 OpenVINO 工具包，并配置相应的环境，包括安装依赖库、设置环境变量等。确保系统满足 OpenVINO 的运行要求。

（2）模型转换。使用 OpenVINO 提供的模型优化器工具将训练好的原始模型转换为 OpenVINO 支持的 IR 格式。转换过程中需要指定模型的输入路径、输出路径以及其他相关参数。转换完成后生成两个文件：一个是描述模型结构的 XML（eXtensible Markup Language，可扩展标记语言）文件，另一个是包含模型权重的 BIN（Binary，二进制）文件。一些典型的深度学习预训练模型的 IR 格式的文件可以使用功能命令 "omz_downloader -name <model_name>" 到 Open

Model Zoo 下载。

（3）加载模型。在应用程序中加载转换后的模型。该步骤可以通过 OpenVINO 提供的 API 来完成。首先创建一个推理引擎对象，并指定要加载的模型文件路径。然后使用该对象加载模型，并获取模型的输入和输出张量数据。

（4）准备输入数据。根据模型的输入要求准备相应的输入数据。该步骤可能需要进行图像预处理、数据格式转换等操作。确保输入数据满足模型的输入要求，并将其转换为 OpenVINO 可以处理的格式。

（5）执行推理。通过调用推理引擎对象的推理函数执行模型的推理操作。将准备好的输入数据传递给推理函数，并获取推理结果。推理结果通常是一个包含输出张量数据的对象。

（6）处理结果。对推理结果进行处理和分析。该步骤可能包括后处理、结果解析等操作。

4. OpenVINO 的安装和使用

安装好 Anaconda（Spyder）后就可以安装 OpenVINO 环境了。

（1）安装 OpenVINO 虚拟环境

升级 pip 到最新版本：

```
python -m pip install --upgrade pip
```

下载并安装 OpenVINO：

```
pip install openvino-dev==2022.3.0
```

或者安装其他版本：

```
pip install openvino-dev==2023.1.0
```

> **注意**　　OpenVINO 有多个版本，建议安装较新的版本，详细信息可以参阅英特尔公司的相关资料。

打开 Anaconda Prompt，执行命令，启动 Jupyter Notebook 环境：

```
jupyter lab
```

启动后选择交互式环境，如图 1.5 所示。

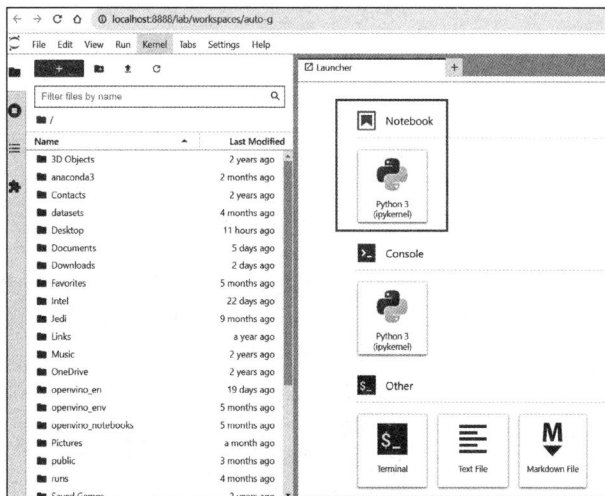

图 1.5　选择交互式环境

在 GitHub 下载 openvino_notebooks，如图 1.6 所示。打开 notebooks 文件夹，可以看到多种预制的深度学习应用程序，包括图像分类、目标检测、语义分割、生成对抗网络、自然语言分类、情感分析、大语言模型等，可以运行调试，如图 1.7 和图 1.8 所示。

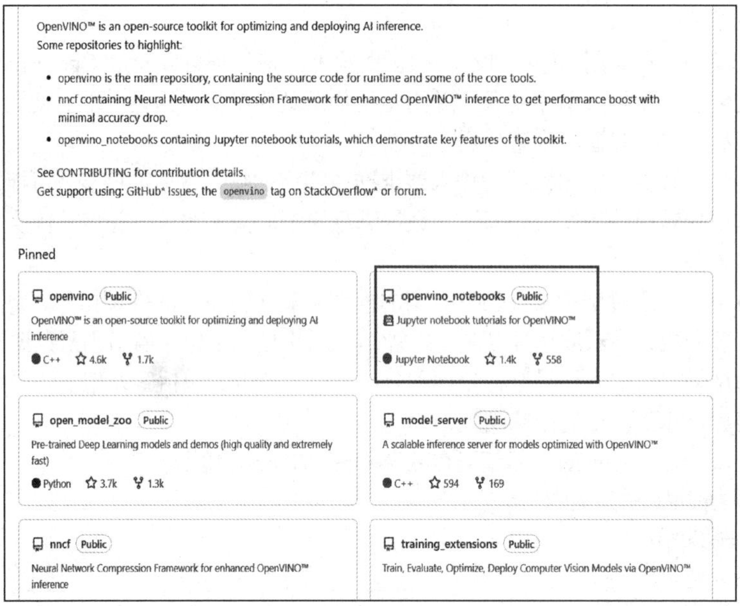

图 1.6　下载 openvino_notebooks

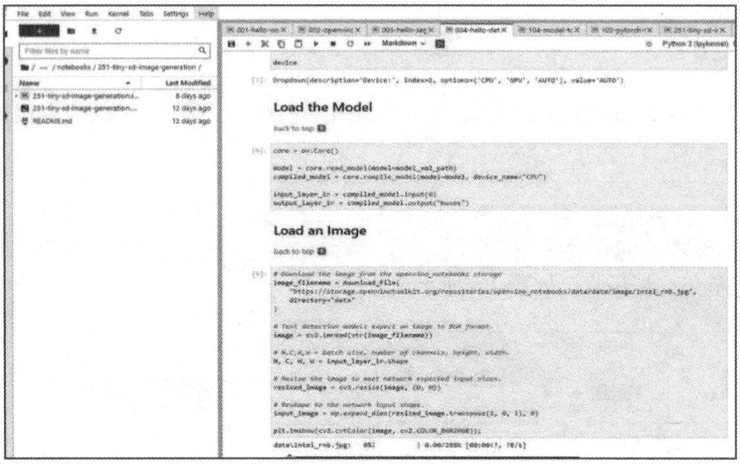

图 1.7　openvino_notebooks 实例（1）

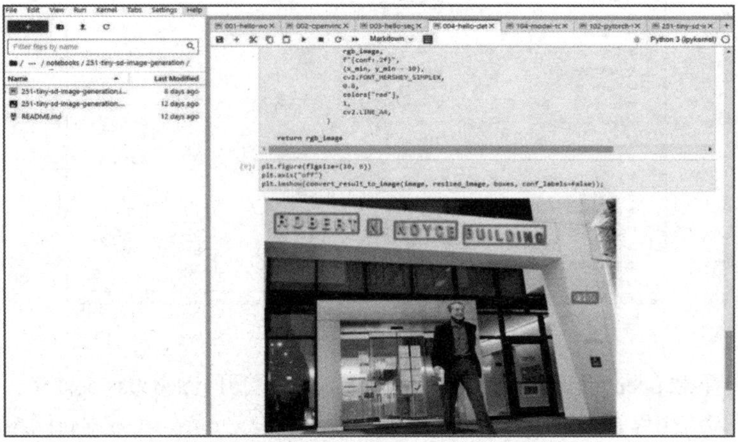

图 1.8　openvino_notebooks 实例（2）

（2）开发新应用

读者在熟悉 openvino_notebooks 实例后，可以选择 OpenVINO 预训练模型或其转换后的加速模型文件（扩展名为.xml）开发新的应用。具体的操作方法和案例参考本书后续章节。

思考题

（1）深度学习项目低代码开发的基本思想是什么？

（2）ModelScope 平台的主要功能有哪些？

（3）简述在 ModelScope 平台进行迁移学习的方法。

（4）简述 OpenVINO 的功能和使用方法。

（5）如何使用 OpenVINO 加速深度学习预训练模型？

第 2 章
太阳黑子智能分类

【本章导读】

　　本章深入探讨深度学习在图像处理领域的应用，特别是太阳黑子数据的获取和分类。为了全面理解这一过程，读者需要对深度学习问题的分析框架有深入的认识，包括但不限于数据集的构建、模型的选择、训练策略的制定以及性能的评估。在数据预处理方面，图像数据由于具有复杂性和多样性，往往需要经过一系列细致的预处理操作才能有效地输入深度学习模型中。这些预处理操作可能包括图像的归一化、裁剪、旋转、翻转、噪声添加等，旨在增强模型的泛化能力并降低过拟合的风险。在卷积神经网络（Convolutional Neural Network，CNN）的选择上，本案例比较了多种经典的模型，如 VGG16 模型、ResNet50 模型、DenseNet121模型和较新的 Conformer 模型。其中 Conformer 模型结合了卷积神经网络和自注意力机制，能在图像分类任务上展现更好的性能。

2.1　背景分析

太阳黑子是太阳光球上的一种太阳活动，也称为日斑。太阳高密度的强磁场影响了太阳表面的热对流过程，导致某区域的温度从 5700℃降至 4000℃左右，基于与邻近区域的温度差异，该区域颜色显得较深，因而被称为太阳黑子。

太阳黑子群也被称为太阳活动区，是太阳风暴爆发的主要源区。太阳风暴发生时会引起地球磁场的强烈变化，从而影响人类的生产生活。例如，无线电通信周期性中断、大范围停电事故、卫星失效故障、通信质量下降、指南针指示混乱、电子设备损坏等。随着人类科学技术的发展，人们的生活已经离不开通信、广播、电视等技术，它们的安全已经不再只是一个科学问题，而是与国民经济、国家安全和社会稳定密切相关的应用问题。因此，在当今时代，如何准确识别和预测太阳风暴现象，提升国家的空间环境预警和预报能力，已经成为一个热门讨论话题。

太阳风暴预测过程主要参考的是太阳活动区的形态特征以及磁场特征，例如威尔逊山磁分类、磁剪切、Mclntosh 分类等，然而预测通常以传统人工方式为主，依据经验手动提取太阳活动特征，效率较低且难满足太阳风暴预测的时效性需求。此外，对如今太阳观测数据呈指数级增长的情形而言，传统人工方式会耗费大量人力、物力，并且海量的观测数据难以被充分利用，既浪费了观测设备资源，又限制了模型的预测精度。当前需要探索一种新的更为高效、经济且精准的预测方式。

随着 AI 技术的发展，各行各业（如医疗诊断、自动驾驶、音频处理、视频监控等）取得了许多前所未有的成果。将 AI 技术与太阳风暴的监测和预警相结合，可以消除传统人工方式低效的缺点。观测人员无须依靠经验手动提取太阳活动特征，只需通过输入预先构建好的模型对海量的太阳观测数据进行处理，便可自动完成对太阳风暴的监测和预警。这不仅节约了高额的人力、物力成本，还能充分利用观测数据中的相关信息提高模型的预测精度。

本案例利用太阳黑子的观测数据构建太阳黑子智能分类模型，其中观测数据包括太阳黑子群白光图以及太阳黑子群磁图，以期实现自动化精准识别与预测太阳风暴现象，提升国家空间环境的预警和预报能力。

2.2　数据准备

本案例的原始数据集包含 15641 张采用两种特殊观测方法获得的太阳黑子群白光图和磁图，每张图均带有磁类型标签。数据集中每张白光图均能有与之对应的磁图，其观测的太阳黑子群和观测时间相同，如图 2.1 所示。不同的太阳黑子群或同一个太阳黑子群在不同观测时间下的图像所记录的数据及所属磁类型会有所不同。

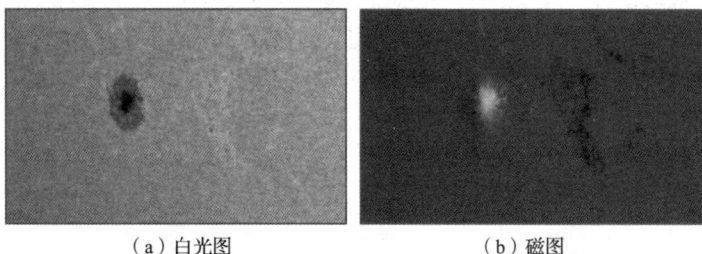

（a）白光图　　　　　　　　　　（b）磁图

图 2.1　相同时间观测的同一个太阳黑子群的白光图及磁图

每一张图像的文件名包含被观测的太阳黑子群序号以及观测时间这两方面信息，格式固定，不同类型的信息以"."进行分隔。例如，文件名"hmi.sharp_720s.10.20100503_000000_TAI.continuum.jpg"表示观测对象序号为 10、观测时间为 2010 年 5 月 3 日 0 时 0 分 0 秒、图像类型为白光图。

数据集中给出的磁类型标签共分为 3 类：alpha、beta、betax。其中 betax 代表除 alpha 和 beta 以外的复杂磁类型。原始数据集中 alpha、beta、betax 类别的样本数分别是 5276、7849、2516，分别保存在 alpha、beta、betax 这 3 个文件夹中。可以看出 betax 类的白光图样本相对较少，因此在数据预处理阶段需要考虑采用一些数据增强方法来增强 betax 和 alpha 磁类型的数据。

数据集中包含的太阳黑子群白光图和磁图并非标准的 RGB 图像。这些图像以 FITS 格式存储，因此需要利用 Python 中的 astropy.io.fits 模块来读取其中的数据。读取的数据为浮点型二维矩阵数据，需要进一步处理才能转换为常见的 RGB 图像。为此，可以使用 matplotlib.pyplot 模块中的 imsave() 方法将 FITS 文件中的数据转换成 RGB 图像并保存。这一流程涉及特定的数据处理和格式转换操作。

```
from astropy.io import fits
import matplotlib.pyplot as plt
data=fits.open(fits_file_path,cache=True)
data.verify('fix')
plt.imsave(save_file_path,data[1].data)
```

值得注意的是，由于太阳黑子群演化的过程相对缓慢，同一个太阳黑子群在一段时间内的磁类型通常不变。这一特性在数据集中表现为，对于某一特定磁类型的数据，同一个太阳黑子群在一段时间内的观测数据呈现出高度相似性。在磁类型为 alpha 的白光图数据集中，某月 28 日观测的白光图（图 2.2 左图）与 29 日观测的白光图（图 2.2 右图）极为相似。因此，在划分训练集和测试集时，需要避免将观测时间相近的图像分别分配到训练集和测试集中，以防训练集和测试集之间存在过高的相似性，从而确保能够准确地评估算法的分类效果。

图 2.2　相邻时间观测的 alpha 磁类型的太阳黑子群白光图

2.3　数据预处理

通过 2.2 节的数据分析可以得知，在训练深度学习模型之前需要考虑原始数据集中白光图和磁图的综合利用、数据不平衡、部分图像相似度较高这 3 个方面的问题。因此本节将主要介绍为解决上述问题所采用的图像融合、数据增强及数据集划分方法。

2.3.1　图像融合

本案例的数据集涵盖白光图和磁图两种观测数据，这两种图像在观测对象和观测时间上均存在一一对应的关系。如果只使用其中一种数据来训练卷积神经网络，将会忽略另一种数据中可能包含的有助于分类的特征信息。为了解决这个问题，这里采用了图像融合的方法。

OpenCV 是一个广泛使用的开源计算机视觉库，它提供了许多处理图像和视频帧的功能。在本案例中，实现图像融合主要利用了 OpenCV 库中的几种图像操作。首先，使用 cv2.imread() 函数分别读取数据集中相互对应的白光图和磁图。filename 参数用于指定图片的路径。这个函数支持读取 PNG、JPEG、TIFF 等常见的静态图像文件格式。通过设置 flags 参数，可以指定图像的读取方式。以下是 3 种常用的读取方式。

① IMREAD_COLOR = 1：用于读取彩色图像，是读取图像的默认方式。

② IMREAD_GRAYSCALE = 0：用于读取灰度图像，会丢失各通道颜色信息。

③ IMREAD_UNCHANGED = -1：用于读取彩色图像，且保留原始 alpha 通道信息。

读取图像数据后，如果两张图像的尺寸不一致，则需要使用 cv2.resize()函数对其中一张图像进行伸缩变换。在进行图像伸缩变换时，通常会采用插值方法。OpenCV 库提供了 5 种插值方法：INTER_NEAREST（最近邻插值）、INTER_LINEAR（双线性插值，默认方式）、INTER_AREA（基于像素区域关系的重采样）、INTER_CUBIC（4×4 像素邻域的双三次插值）、INTER_LANCZOS4（8×8 像素邻域的 Lanczos 插值）。在调用 cv2.resize()函数时，设置 interpolation 参数可以指定所使用的插值方法。

OpenCV 库还提供了对两张相同尺寸、相同类型的图像进行融合的方法：cv2.addWeighted()。该方法实现融合的本质是通过计算两张图像对应像素的加权和来生成新图像中的像素。其计算方程如下。

$$dst=src1\times alpha+src2\times beta+gamma$$

其中 alpha 和 beta 分别为两张图像像素值的对应权值，满足 beta=1-alpha 的关系。gamma 表示像素加权和的偏移量。本案例在实现图像融合的过程中将 alpha 的值设为 0.5，保留两张图像各 50%的信息，并将偏移量设为 0。

```python
import cv2
def image_merge(src_img1, src_img2, alpha, gamma):
    img1 = cv2.imread(src_img1)
    img2 = cv2.imread(src_img2)
    height, width, channel = img1.shape
    if(img1.shape != img2.shape):
        print(img1.shape, ' ', img2.shape)
        img2 = cv2.resize(img2, (width,height), interpolation=cv2.INTER_AREA)
    beta = 1-alpha
    img_merged = cv2.addWeighted(img1, alpha, img2, beta, gamma)
    return img_merged
```

以图 2.1 中的两张对应的白光图和磁图为例，经过 50%融合后的图像如图 2.3 所示，融合后的图像具有白光图和磁图各自的特征。

图 2.3　相互对应的白光图和磁图的融合图像

2.3.2　数据增强

对融合后的数据集进行样本统计，得到 alpha、beta、betax 类别的样本数分别为 5276、7849、2516。基于这些原始样本数据直接划分训练集和测试集可能会导致 alpha 和 betax 磁类型的数据在训练集中偏少，从而影响模型对这两类样本的分类性能。因此，可以考虑采用图像数据增强的方法来预处理 alpha 和 betax 类别的样本。

为了最大限度地保留原始数据中的重要特征信息，本案例选择图像翻转作为主要的数据增强方式。对于 alpha 类别的融合图像，对每个样本执行一次水平翻转操作；而对于 betax 类别的融合图像，由于其数据量占比最小，这里采用图像水平翻转和对角翻转两种方式进行处理。

OpenCV 库提供了实现图像翻转的方法 cv2.flip()，设置该方法的参数能够指定翻转的方式。参数值为 1 表示进行水平翻转，为 0 表示垂直翻转，为-1 表示对角翻转。

```
import os
import cv2
import matplotlib.pyplot as plt

labels = ['alpha','beta','betax']
def imgs_flip(src_path, dst_path):
for _,_,files in os.walk(os.path.join(src_path,label)):
for file in files:
file_path = os.path.join(src_path, label, file)
        img = cv2.imread(file_path)
        url = os.path.join(dst_path, label, file)
        plt.imsave(url, img)
        if label=='alpha':
            img_1 = cv2.flip(img, 1, dst=None)
            save_file_name = file.split('.jpg')[0]+'_1.jpg'
            url_1 = os.path.join(save_path,label,save_file_name)
            plt.imsave(url_1, img_1)
elif label=='betax':
            img_1 = cv2.flip(img,1,dst=None)
            img_2 = cv2.flip(img,-1,dst=None)
            save_file_name_1 = file.split('.jpg')[0]+'_1.jpg'
            save_file_name_2 = file.split('.jpg')[0]+'_2.jpg'
            url_1 = os.path.join(dst_path, label, save_file_name_1)
            url_2 = os.path.join(dst_path, label, save_file_name_2)
            plt.imsave(url_1, img_1)
            plt.imsave(url_2, img_2)
```

alpha 类别的 26 号太阳黑子群原始观测图像和水平翻转后的图像如图 2.4 所示，betax 类别的 46 号太阳黑子群原始观测图像和对角翻转后的图像如图 2.5 所示。

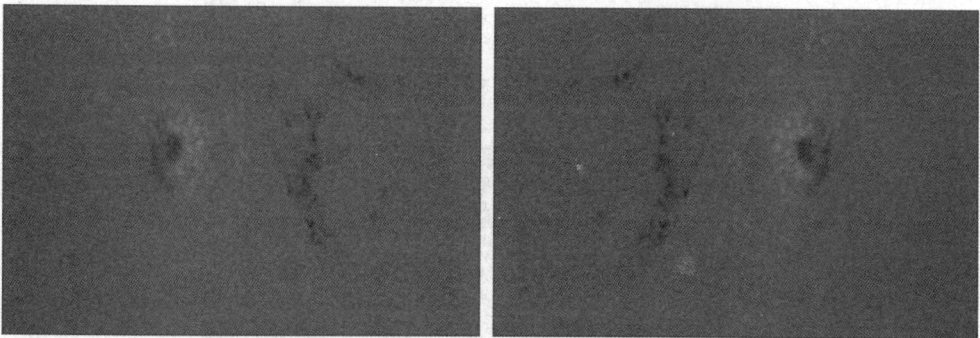

（a）原始观测图像　　　　　（b）水平翻转后的图像

图 2.4　alpha 类别的 26 号太阳黑子群

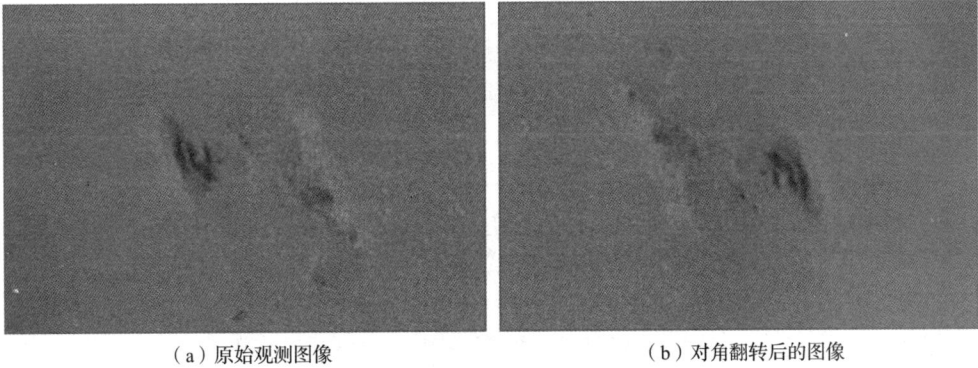

（a）原始观测图像　　　　　　　　　　（b）对角翻转后的图像

图 2.5　betax 类别的 46 号太阳黑子群

原始数据集与数据增强后数据集中的 alpha、beta、betax 这 3 类样本的对比如表 2.1 所示。

表 2.1　原始数据集与数据增强后的数据集类别分布统计

数据集	alpha	beta	betax	总数
原始数据集	5276	7849	2516	15641
数据增强后的数据集	10552	7849	7548	25949

2.3.3　数据集划分

原始数据集中，同一磁类型的同一个太阳黑子群在相近的时间间隔内的观测数据展现出高度的相似性。为了应对这一问题，本小节将采用固定时间间隔划分的方法，将 3 种磁类型的样本分别划分为训练集和测试集。整个划分流程包含以下步骤：获取图像路径及对应标签、基于固定时间间隔进行数据集划分以及批量读取数据并将数据转化为 tensorflow.data.Dataset 对象。以下是对应的核心代码示例。

```python
import pathlib
import random

def train_test_dataset_split(data_root, batch_size):
# 获取图像路径及对应标签
    data_root = pathlib.Path(data_root)
    image_paths = list(data_root.glob('*/*'))
    image_paths = [str(p) for p in image_paths]
    random.shuffle(image_paths)
    label_index = {'alpha':0, 'beta':1, 'betax':2}
    image_labels = [label_index[pathlib.Path(p).parent.name] for p in image_paths]
# 基于固定时间间隔进行数据集划分
train_paths, train_labels, test_paths, test_labels = split(image_paths, image_labels)
# 批量读取数据并将数据转化为 tensorflow.data.Dataset 对象
    train_tfds, train_step = tfdataset(train_paths, train_labels, batch_size)
    test_tfds, test_step = tfdataset(test_paths, test_labels, batch_size)
    return train_tfds, train_step, test_tfds, test_step
```

（1）获取图像路径及对应标签

上述代码采用了 pathlib 库中 Path 类提供的方法及属性来实现文件的访问，获取数据集中所有图像路径及对应标签。pathlib.Path 对象由一个字符串形式的文件路径来构造，它将文件路径视为对象，采用面向对象的方式简化了很多传统的文件访问方式。以代码中的 glob() 方法为例，该方法能够自动解析参数中给出的通配符并执行，因此开发者只需要依据自身需求编写正确的文件访问通配符就可以完成复杂的访问操作。代码中的 "*/*" 通配符用于遍历 alpha、 beta、betax 目录下的所有图像文件。此外，Path 类还提供了几种特殊的属性来进一步简化文件访问。例如代码中的 parent 属性，通过该属性能够获取当前路径的直接父路径，即当前图像文件所在的上一级目录，包括 alpha、beta、betax。而 name 属性用于获取当前 Path 类的字符串形式的路径。

采用 pathlib 库进行文件访问与采用传统 os 库的不同点如下。

① pathlib 库基于面向对象的编程思想，将繁杂的文件访问操作封装在 Path 类中，操作文件十分方便。而 os 库基于字符串形式的文件路径进行文件操作，过程更为烦琐。

② 基于 os 库编写的文件操作代码不能很好地在各操作系统上迁移，而 pathlib 库对底层文件操作进行进一步封装，在编写代码时不需要考虑操作系统的变化问题。

（2）基于固定时间间隔进行数据集划分

对于训练集与测试集划分的实现，本案例将其封装到了 split()函数中。为实现基于固定时间间隔的划分方法，首先在 split()函数中创建一个 sunpot_observe_days 字典，以太阳黑子群序号为键，以该太阳黑子群所有观测日期列表为值，建立每一个太阳黑子群与观测日期的对应关系。

本案例将遍历该字典中的所有太阳黑子群。对于观测天数大于 4 天的太阳黑子群，将以固定天数间隔 5 来选择测试日期，并将这些日期记录在 days_for_test 字典中。未来，对于 days_for_test 字典中记录的每一个太阳黑子群，在所选测试日期观测到的所有图像都将加入测试集。而剩下的观测天数大于 4 天的图像则将加入训练集。

对于观测天数小于或等于 4 天的太阳黑子群，本案例将使用一个临时列表 temp_list 进行记录。通过 random.sample()方法从这些太阳黑子群中随机获取 30%的样本，并将这些样本对应的观测图像加入测试集。剩下的 70%的太阳黑子群观测图像则将加入训练集。

```python
def split(image_paths, image_labels):
sunpot_observe_days = {}
for image_index, image_path in enumerate(image_paths):
image_name = pathlib.Path(image_path).name.split('.')
sunpot_name, sunpot_observe_day = (image_name[2], image_name[3].split('_')[0])
        if sunpot_name not in sunpot_observe_days.keys():
        sunpot_observe_days[sunpot_name] = [sunpot_observe_day]
        else:
            if sunpot_observe_day not in sunpot_observe_days[sunpot_name]:
            sunpot_observe_days[sunpot_name].append(sunpot_observe_day)

    days_for_train = {}
    days_for_test = {}
    temp_list = []

for sunpot_name, day_list in sunpot_observe_days.items():
        day_list.sort()
        if len(day_list) > 4:
            test_days = day_list[1::5]
train_days = [day for day in day_list if day not in test_days]
days_for_train[sunpot_name] = train_days
            days_for_test[sunpot_name] = test_days
        else:
        temp_list.append(sunpot_name)
    testpots_in_templist = random.sample(temp_list, int(len(temp_list) * 0.3))
    for sunpot_name in testpots_in_templist:
days_for_test[sunpot_name] = sunpot_observe_days[sunpot_name]
    for sunpot_name in temp_list:
if sunpot_name not in testpots_in_templist:
            days_for_train[sunpot_name] = sunpot_observe_days[sunpot_name]
```

```
train_paths = []
train_labels = []
test_paths = []
test_labels = []
for i, image_path in enumerate(image_paths):
    image_name = pathlib.Path(image_path).name.split('.')
        sunpot_name, sunpot_observe_day = (image_name[2], image_name[3].split('_')[0])
        if sunpot_name in days_for_train.keys() and sunpot_observe_day in
days_for_train[sunpot_name]:
            train_paths.append(image_path)
            train_labels.append(image_labels[i])
        if sunpot_name in days_for_test.keys() and sunpot_observe_day in
days_for_test[sunpot_name]:
            test_paths.append(image_path)
            test_labels.append(image_labels[i])

    return train_paths, train_labels, test_paths, test_labels
```

经过划分，数据集各磁类型的样本数如表 2.2 所示。训练集与测试集样本数比例大致为 3.7∶1。

表 2.2　划分后的训练集与测试集的样本分布统计

数据集	alpha	beta	betax	总数
训练集	8244	6086	6084	20414
测试集	2308	1763	1464	5535

（3）批量读取数据并将数据转化为 tensorflow.data.Dataset 对象

上述划分是基于图像的路径进行的，以确保进行模型训练时能够直接批量加载数据集中的图像。为了达到这一目的，本案例定义了一个 tfdataset()函数。该函数的主要功能是加载指定路径下的图像，并将其与相应的标签进行组合。最后，它将这个组合转化为 tensorflow 库中定义的特殊 Dataset 对象并返回。以下是该函数的核心代码示例。

```
import tensorflow as tf

def load_and_preprocess_image(image_size=224, channels=3, path):
image = tf.io.read_file(path)
image = tf.image.decode_jpeg(image, channels=channels)
image = tf.image.resize(image, [image_size, image_size])
return image

def tfdataset(image_paths, image_labels, batch_size):
path_tfds = tf.data.Dataset.from_tensor_slices(image_paths)
image_tfds = path_tfds.map(load_and_preprocess_image, num_parallel_calls=AUTOTUNE)
label_tfds = tf.data.Dataset.from_tensor_slices(tf.cast(image_labels, tf.int64))
image_label_tfds = tf.data.Dataset.zip((image_tfds, label_tfds))

tfds = image_label_tfds.batch(batch_size)
steps = tf.math.ceil(len(image_paths)/batch_size).numpy()
    return tfds, steps
```

tensorflow 库提供了多种构建数据集和输入模型的方式。其中常见的一种是采用 tensorflow.data.Dataset 提供的 API 来实现。一个 tensorflow.data.Dataset 通常通过 from_tensor_slices()方法构建，该方法可以接收多种数据类型的参数，例如列表、字典、字符串等，并将其转化成一个特殊的 Dataset 对象返回。对这种特殊的 Dataset 对象，tensorflow 库提供了一类操作（称为 Transformation 操作）来对数据集进行一系列的变换。常用的 Transformation 操作包括 map、batch、shuffle、repeat 这 4 种，每经过一次 Transformation 操作都会返回一个新的 Dataset 对象。

本案例首先采用了 map 操作，该操作接收一个函数（包括匿名函数 lambda），并逐一将

Dataset 对象中的每一个元素作为指定函数的输入，得到相应的函数输出。这些输出又构成了新的 Dataset 对象中的元素。该函数的另一个参数 num_parallel_calls 用于指定并行数据处理的级别，AUTOTUNE 表示系统将根据处理器负载自动调节并行处理的线程数。

由于 path_tfds 变量中存放的是图像样本的路径，因此本案例定义了预处理函数 load_and_preprocess_image()作为 map 操作的参数，实现图像的加载和预处理。该函数首先采用 tf.io.read_file()读取图像文件，然后结合 tf.image.decode_jpeg()对图像文件进行解码，返回 Tensor 形式的像素矩阵数据。为了统一图像输入尺寸，使其符合深度学习模型的输入，预处理函数还利用了 tf.image.resize()方法对图像做伸缩变换。resize()方法的基本用法与 OpenCV 中的 resize()方法类似，需要给定伸缩变换的目标尺寸，此外还可以指定插值方法。tf.image 提供了 4 种插值方法：ResizeMethod.BILINEAR（双线性插值）、ResizeMethod.NEAREST_NEIGHBOR（最近邻插值）、ResizeMethod.BICUBIC（双三次插值）、ResizeMethod.AREA（区域插值）。本案例采用的是默认的双线性插值方法。

对于图像相应的标签，本案例首先利用 tf.cast()方法将标签数据表示为 int64 类型，便于后续模型评价指标的计算。然后将其表示为 Dataset 类型，并采用 tensorflow.data.Dataset 提供的 zip()方法将图像及对应标签进行组合。

如果采用批训练的方式训练模型，则需要对组合后的 Dataset 对象执行 Transformation 操作中的 batch 操作，通过该操作指定 Dataset 对象中一个 batch 的样本数。此外，还需要计算出模型训练时每轮（epoch）的更新步数，该步数通过用样本总数除以批量大小（Batch Size）来计算，并通过 tensorflow.math.ceil()向上取整。

2.4　卷积神经网络分类模型

本案例首先采用 VGG16、ResNet50 及 DenseNet121 这 3 种卷积神经网络来实现太阳黑子群的磁类型分类。为了直观地比较 3 种分类模型在训练过程中的性能差异，本案例以可视化的方式对比这 3 种分类模型在训练过程中的损失（loss）和准确率（accuracy）的变化情况。通过这种方式可以清晰地观察到不同模型在训练过程中的收敛速度、过拟合情况以及最终的训练效果。

在完成模型的训练后，为了全面评估 3 种分类模型在测试集上的分类性能，本案例采用 F1 分数（Fl-score）、召回率（recall）、精度（precision）以及准确率这 4 个评价指标（metrics）。这些指标从多个角度反映了模型的分类效果，能帮助读者更全面地了解各个模型的优缺点。

2.4.1　基础网络

（1）VGG16 网络

本案例采用 VGG16 作为模型的基础网络，并去除原模型中的全连接层，利用 keras 提供的在 ImageNet 上预训练的 VGG16 模型实现权值初始化。核心代码如下。

```
from tensorflow.keras.applications import VGG16

base_model = VGG16(
    include_top=False,
    weights="imagenet"
    )
print(base_model.summary())
layers_number = len(base_model.layers)
print("layers number : ", layers_number)
```

上述代码执行后，base_model.summary()函数输出网络模型的结构图，len(base_model.layers)返回 VGG16 的网络层数。其中，返回的 VGG16 网络层数为 19 层，分别是 1 层输入层、13 层卷积层以及 5 层池化层，不包括全连接层。

（2）ResNet50 网络

本案例采用 ResNet50 作为模型的基础网络，并去除原模型中的全连接层，利用 keras 提供的在 ImageNet 上预训练的 ResNet50 模型实现权值初始化。核心代码如下。

```
from tensorflow.keras.applications import ResNet50

base_model = ResNet50(
    include_top=False,
    weights="imagenet"
    )
print(base_model.summary())
layers_number = len(base_model.layers)
print("layers number : ", layers_number)
```

其中，返回的 ResNet50 网络层数为 175 层。

（3）DenseNet121 网络

本案例采用 DenseNet121 作为模型的基础网络，并去除原模型中的全连接层，利用 keras 提供的在 ImageNet 上预训练的 DenseNet121 模型实现权值初始化。核心代码如下。

```
from tensorflow.keras.applications import DenseNet121
base_model = DenseNet121(
    include_top=False,
    weights="imagenet"
    )
print(base_model.summary())
layers_number = len(base_model.layers)
print("layers number : ", layers_number)
```

其中，返回的 DenseNet121 网络层数为 427 层。

2.4.2　网络输出层设计

基础网络模型确定后，接着设置预训练模型网络参数在训练时更新的部分。首先固定模型前 top 层参数，使模型在训练时仅更新后面几层参数，随后模型输出结果依次经过 3 层全连接层，最终获得输入的太阳黑子群磁光融合图像的分类结果。该过程的核心代码如下。

```
from tensorflow.keras.models import Model
from tensorflow.keras.layers import Dense, GlobalAveragePooling2D, Dropout

top = int(layers_number * 0.8)
# 固定模型前 top 层参数
for layer in base_model.layers[:top]:
  layer.trainable = False
for layer in base_model.layers[top:]:
  layer.trainable = True
x = base_model.output
x = GlobalAveragePooling2D()(x)
x = Dense(1024, activation='relu')(x)
x = Dropout(0.5)(x)
x = Dense(512, activation='relu')(x)
x = Dropout(0.5)(x)
predictions = Dense(3, activation='softmax')(x)
model = Model(inputs = base_model.input, outputs = predictions)
```

2.4.3　学习率衰减

在模型训练过程中,学习率更新函数的相关代码如下,其中,每隔 10 个 epoch,学习率就减小为原来的 1/10。

```python
import tensorflow.keras.backend as K

def scheduler(epoch):
    if epoch % 10 == 0 and epoch != 0:
        lr = K.get_value(model.optimizer.lr)
        print("current lr is {}".format(lr))
        K.set_value(model.optimizer.lr, lr * 0.1)
        print("lr changed to {}".format(lr * 0.1))
return K.get_value(model.optimizer.lr)
```

2.4.4　模型训练

模型优化器、损失函数和训练评价指标设置代码如下。

```python
model.compile(optimizer=tf.keras.optimizers.Adam(lr=0.00001),
        loss='sparse_categorical_crossentropy',
        metrics=['accuracy'])
```

其中,模型优化器为 Adam,学习率设置为 0.00001,损失函数为交叉熵损失函数,训练评价指标为 accuracy。选择 Adam 作为模型优化器是因为它实现简单、高效,并且对内存的需求小。

对于模型训练中的回调函数 Metrics(),其相应代码如下所示。该部分代码主要实现对训练模型在测试阶段下返回的 F1 分数、精度与召回率的展示和记录。

```python
from sklearn.metrics import f1_score, recall_score, precision_score

class Metrics(tf.keras.callbacks.Callback):
    def __init__(self, valid_data):
        super(Metrics, self).__init__()
        self.validation_data = valid_data

    def on_epoch_end(self, epoch, logs=None):
        logs = logs or {}
        it = iter(self.validation_data.take(vstep))
        next(it)
        total_predict = np.array([])
        total_targ = np.array([])
        total_outputs = []

        for i,(images,labels) in enumerate(it):
            val_outputs = self.model.predict(images)
            val_predict = np.argmax(self.model.predict(images), -1)
            val_targ = labels.numpy()
            if len(val_targ.shape) == 2 and val_targ.shape[1] != 1:
                val_targ = np.argmax(val_targ, -1)
            total_predict = np.concatenate((total_predict, val_predict),axis=0)
            total_targ = np.concatenate((total_targ, val_targ),axis=0)
            total_outputs.append(val_outputs)

        total_outputs = np.array([element for each in total_outputs for element in each])
        cross_entropy = tf.keras.losses.SparseCategoricalCrossentropy()
        loss = cross_entropy(total_targ, total_outputs).numpy()

        _val_f1 = f1_score(total_targ, total_predict, average='macro')
        _val_recall = recall_score(total_targ, total_predict, average='macro')
```

```
        _val_precision = precision_score(total_targ, total_predict, average='macro')

        logs['val_f1'] = _val_f1
        logs['val_recall'] = _val_recall
        logs['val_precision'] = _val_precision

        acc = accuracy_score(total_targ, total_predict)

        record['f1'].append(_val_f1)
        record['recall'].append(_val_recall)
        record['precision'].append(_val_precision)
        record['accuracy'].append(acc)
        record['loss'].append(loss)

        print(f'val_accuracy: {acc}')
        print(f'val_loss: {loss}')
        print(f'f1: {_val_f1}')
        print(f'recall: {_val_recall}')
        print(f'precision: {_val_precision}')
        return
```

　　模型构建完成后进入训练阶段。首先设置训练的轮数和批量大小，初始化训练过程中用于保存数据指标的字典 record，设置训练集与测试集地址，设置 TensorBoard 日志存放地址与文件名格式，设置回调函数 tensorboard_callback()、评价指标函数 Metrics() 与学习率更新函数 reduce_lr()。随后调用显卡加快执行模型的训练过程，并将最终训练完成的模型保存于save_model 目录下，模型训练结果保存于 save_data 目录下。以 VGG16 为例，该过程的具体代码如下。

```
from tensorflow.keras.callbacks import LearningRateScheduler
import datetime
Import pandas as pd
train_epoch = 50
Batch_Size = 32
record={ # 用于保存训练过程的数据指标
    'f1':[],
    'recall':[],
    'precision':[],
    'accuracy':[],
    'loss':[]
}
# 训练集及测试集根目录
orig_data_root = './augmentation_cm'
log_dir="./logs/" + model_name + datetime.datetime.now().strftime("%Y%m%d-%H%M%S")
# 划分数据集
ds, dstep, validation_ds, vstep = train_test_dataset_split(orig_data_root,Batch_Size)
reduce_lr = LearningRateScheduler(scheduler)
tensorboard_callback = tf.keras.callbacks.TensorBoard(log_dir=log_dir)
with tf.device('/device:GPU:0'):
 model.fit(ds, epochs=train_epoch, steps_per_epoch=dstep, callbacks=
[tensorboard_callback, Metrics(valid_data=validation_ds), reduce_lr])
model.save_weights('/save_model/vgg16_trained_weights.h5')
if not os.path.exists('save_data'):
os.mkdir('save_data')
 pd.DataFrame(record).to_csv('save_data/vggcsv',index=False)
```

　　其中，设置回调函数 tensorboard_callback() 的优点在于，后期能够通过 TensorBoard 可视化工具复现训练过程中卷积神经网络分类模型的损失以及准确率的变化情况，以便后续更好地对模型进行进一步的评估。

2.4.5　实验评估

根据前文介绍的方法分别构建 VGG16、ResNet50 以及 DenseNet121 模型，在模型训练过程中，以 epoch 为单位，在测试集上测试每一阶段训练好的模型的性能，测试结果如图 2.6 所示。图 2.6（a）展示了 3 个模型的准确率随训练轮数（epoch）的变化曲线，图 2.6（b）展示了 3 个模型的损失随训练轮数（epoch）的变化曲线。

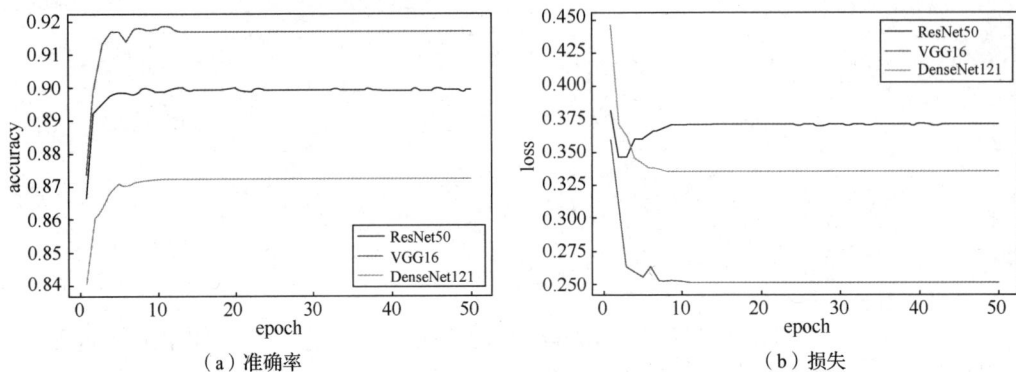

（a）准确率　　　　　　　　　　　　　（b）损失

图 2.6　ResNet50、VGG16 以及 DenseNet121 的模型对比

从图 2.6 可以分析出，3 个模型中 VGG16 模型性能最佳，其在太阳黑子群磁光融合图数据集上的分类准确率可以达到 91.7%，超过 ResNet50 模型的 89.9% 以及 DenseNet121 模型的 87.2%；从训练模型在测试集上的损失来看，VGG16 的测试损失最终收敛至 0.25 附近，远低于其余二者的测试损失。

除了从准确率与损失角度分析，还可以研究 ResNet50 模型、VGG16 模型以及 DenseNet121 模型在测试集上的 F1 分数、召回率与精度。图 2.7 展示了 3 个模型在测试集上的最佳 F1 分数、召回率与精度的对比情况。从图中可以得出，VGG16 模型在 F1 分数、召回率与精度上的得分高于其余二者，均在 91 分以上，排名第一；ResNet50 模型的得分则位于 89 分附近，排名第二；DenseNet121 模型的得分仅为 86 分左右，排名第三。

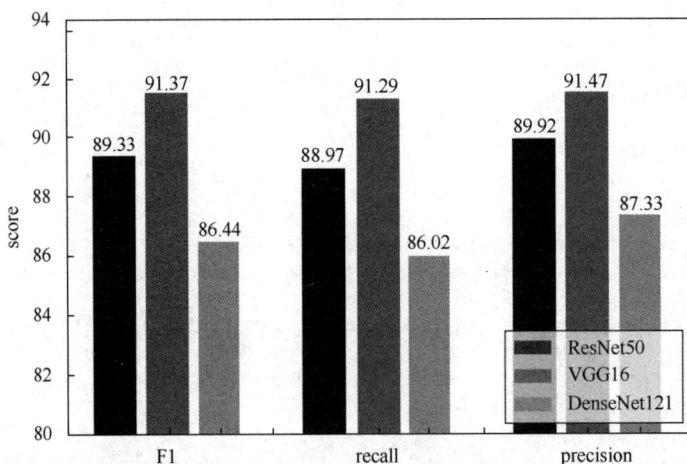

图 2.7　ResNet50 模型、VGG16 模型以及 DenseNet121 模型的核心指标对比

接下来对 ResNet50 模型、VGG16 模型以及 DenseNet121 模型进行总结。在本案例的太阳黑子群磁光融合图数据集上执行图像分类任务时，VGG16 模型的表现最好，ResNet50 模型次之，

DenseNet121 模型表现最差。分析其原因,可能是太阳黑子群磁光融合图同传统意义上的图像的差异过大,传统意义上的图像,如猫、狗、车、行人等,无论是从图像实例的纹理、形状、颜色、光泽、空间位置来看,还是从图像复杂的前后背景来看,都更为复杂,因而在构建模型时,深层的网络结构往往可以提取出更为准确、高级、抽象的特征;而本案例中的太阳黑子图较为简单,实例主体特征相对低级,因而层数较低的 VGG16 模型表现最好,而网络层数较深的 ResNet50 模型以及 DenseNet121 模型反而因为提取特征过于复杂而导致模型过拟合,在测试集上的效果更差。

2.5　基于 Conformer 的图像分类模型

本案例着重介绍结合自注意力机制与卷积神经网络结构的 Conformer 混合模型,并根据该模型实现太阳黑子群的磁类型分类,接着将训练好的 Conformer 模型与目前性能最优的 VGG16 模型进行对比,最后再从自注意力机制的视角出发,查看 Conformer 模型在自注意力层面的学习情况。

2.5.1　Conformer 模型介绍

本案例使用的 Conformer 模型于 2021 年提出。实验结果表明,该模型在 ImageNet 数据集上的性能评价指标比基于 ViT 算法的 DeiT-B 模型高出 2.3%,在 MSCOCO 数据集上执行目标检测与实例分割任务时,其性能评价指标分别高出 ResNet101 模型 3.7% 与 3.6%。

Conformer 模型不同于前文介绍的卷积神经网络,该模型结构综合 Transformer 架构以及卷积神经网络,对于图像分类任务,该模型具备更好的性能。传统的卷积神经网络虽然能够通过堆叠卷积操作来提取图像的局部特征,进而将图像转化为更抽象、高级的图像表征,但其弊端恰恰在于卷积操作本身的局部性特点。通常而言,卷积操作关注图像局部的特征,而对于图像的全局特征,例如图像像素之间的长距离依赖关系,卷积操作是难以准确地捕获的。鉴于此,一种较为直观、简单的解决办法是扩大卷积操作的感受野,进而增加图像特征的提取范围。然而这种做法很容易导致卷积操作无法提取细致的局部特征,图像的细节信息缺失。

基于 Transformer 内部的自注意力机制以及多层感知器结构,ViT 模型能很好地捕捉图像的全局特征,保留图像像素间长距离的依赖关系,但由于剔除了卷积操作,ViT 模型实质上过分关注图像的全局特征,而忽略了图像的细节特征,导致其区分图像前后背景的能力不足。针对此,也有研究提出将 ViT 模型中 token 部分的小图像块更换为卷积神经网络特征图,从而迫使模型提升图像细节特征提取的能力,但如何精确地将图像的全局特征与局部特征相结合仍有待进一步研究。

2.5.2　模型构建

接下来开始构建 Conformer 模型。下载 Conformer 模型的预训练相关代码。其中,开源代码文件夹中两份较为重要的文件分别是 conformer.py 和 engine.py,前者为 Conformer 模型的具体实现,后者定义模型训练以及测试的细节,感兴趣的读者可自行学习。

本案例采用 PyTorch 来搭建模型框架,使用 ImageNet 数据集上的预训练模型参数 Conformer_small_patchpth 进行模型初始化,下面是关于预训练模型构建的具体代码实现。

```
import torch
from conformer_changed import Conformer
```

```
model = Conformer(patch_size=16, channel_ratio=4, embed_dim=384, depth=12,
        num_classes=3,num_heads=6, mlp_ratio=4, qkv_bias=True)

load_model_dict=torch.load('Conformer_small_patchpth')
# 剔除预训练模型中与原模型层不相同的参数信息，防止导入参数失败
load_model_dict.pop('cls_token')
load_model_dict.pop('trans_cls_head.weight')
load_model_dict.pop('trans_cls_head.bias')
load_model_dict.pop('conv_cls_head.weight')
load_model_dict.pop('conv_cls_head.bias')

model_dict=model.state_dict()
# 提取预训练模型中名称与现模型名称一致的层
load_model_dict = {k:v for k,v in load_model_dict.items() if k in model_dict.keys()}
model_dict.update(load_model_dict)
model.load_state_dict(model_dict)
```

导入 torch 库，并调用 conformer.py 文件中定义的 Conformer 类来自定义 Conformer 模型，为确保能够顺利导入预训练模型 Conformer_small_patchpth 的参数，需要确保自定义的 Conformer 模型参数与其尽可能相近。本案例设置图像分块后每一个小图像块的 patch_size 为 16，卷积神经网络分支的通道变换比率 channel_ratio 为 4，Transformer 接收的每一个 patch 向量的维度 embed_dim 为 384，Transformer 深度 depth 为 12，分类数 num_classes 为 3，Transformer 内部注意力的头数 num_heads 为 6，Transformer block 内的 MLP 模块隐藏层单元向量维度与原始向量维度之比 mlp_ratio 为 4，允许 qkv 权重使用偏置参数。

Conformer 模型自定义完成后，使用 load() 方法导入预训练模型参数。由于预训练模型 Conformer_small_patchpth 中的 num_classes 为 1000，与自定义模型不同，因此直接导入会出现模型参数不匹配的问题，需要将预训练模型中分类器部分的参数丢弃。随后使用 state_dict() 方法获取自定义模型的参数，利用 update() 方法更新参数字典中的值，再调用 load_state_dict() 方法导入更新后的参数字典，完成预训练模型参数的配置。

模型构建完成后，为了充分利用预训练模型的参数信息，本案例在进行模型训练时固定前 6 层参数，仅更新后 6 层参数以及两个分类器。具体代码如下所示。

```
name_needed_update = ['cls_token','trans_norm','trans_cls_head','conv_cls_head',
            'conv_trans_7','conv_trans_8','conv_trans_9','conv_trans_10',
            'conv_trans_11','conv_trans_12']
for name, param in model.named_parameters():
    name = name.split('.')[0]
    if name not in name_needed_update:
        param.requires_grad = False
```

自定义 Conformer 模型的超参数以及损失函数、优化器与学习率的代码如下所示。

```
batch_size = 32
epochs = 50
lr = 3e-5
gamma = 0.7
device = 'cuda'

criterion = torch.nn.CrossEntropyLoss()
optimizer = torch.optim.Adam(model.parameters(), lr=lr)
scheduler = torch.optim.lr_scheduler.StepLR(optimizer, step_size=4, gamma=gamma)
model = model.to(device)
```

模型 batch_size 为 32，训练轮数为 50，学习率为 3e-5，学习率衰减 gamma 系数为 0.7，设备为 cuda，选择交叉熵损失函数作为 Conformer 模型的损失函数，Adam 作为模型优化器，并设置每隔 4 个 epoch 学习率衰减 gamma 倍，最后将自定义 Conformer 模型装载至 GPU。

2.5.3　训练过程

自定义的 Conformer 模型构建完成后，下一步是对模型进行训练。由于前文装载数据时使用的是 Tensorflow，而此处使用的是 PyTorch，因此在装载数据时需要修改接口。由 2.3 节可知，split()函数划分数据集后最终返回训练路径集 train_paths、训练标签集 train_labels、测试路径集 test_paths、测试标签集 test_labels，下一步将其打包并装载，核心代码如下所示。

```python
from PIL import Image
from torchvision import transforms
from torch.utils.data import DataLoader, Dataset

transforms = transforms.Compose(
    [
        transforms.Resize((224, 224)),
        transforms.ToTensor(),
    ]
)
class Dataset(Dataset):
    def __init__(self, file_list, labels, transform=None):
        self.file_list = file_list
        self.labels=labels
        self.transform = transform

    def __len__(self):
        self.filelength = len(self.file_list)
        return self.filelength

    def __getitem__(self, idx):
        img_path = self.file_list[idx]
        img = Image.open(img_path)
        img_transformed = self.transform(img)
        label=self.labels[idx]
        return img_transformed, label

train_data = Dataset(train_paths, train_labels, transform=transforms)
test_data = Dataset(test_paths, test_labels, transform=transforms)

train_loader=DataLoader(dataset=train_data, batch_size=batch_size, shuffle=True)
test_loader=DataLoader(dataset=test_data, batch_size=batch_size, shuffle=True)
```

从 PIL（Python Imaging Library，Python 图像库）导入 Image 类，从 torchvision 库导入 transforms 类，从 torch.utils.data 导入 DataLoader 类，接着利用 transforms.Compose()方法来定义图像的处理规则，此处为统一图像大小，并将其转换为 Tensor 类型。定义的 Dataset 类则是对输入图像进行读取与处理。经过 Dataset 类处理生成 train_data，再通过 DataLoader 类指定 batch_size 来乱序、分批打包数据。

数据装载完成后，下面执行模型的训练过程。其中，每一个 epoch 均对训练好的模型在测试集上执行推理过程，在 epoch 结束前输出模型当前的测试结果，并使用 TensorboardX 工具来记录，以便后续对模型的性能变化进行详细的评估。模型训练过程的核心代码如下所示。

```python
import datetime
from tqdm import tqdm
from tensorboardX import SummaryWriter

log_dir="./logs/Conformer/train" + datetime.datetime.now().strftime("_%Y%m%d-%H%M%S")
writer = SummaryWriter(log_dir)

model.train()
for epoch in range(epochs):
```

```
        epoch_loss = 0
        epoch_acc = 0
        for datas,labels in tqdm(train_loader): # 每一个batch
            datas = datas.to(device)
            labels = labels.to(device)

            with torch.cuda.amp.autocast():
                conv_cls, tran_cls, _ = model(datas)
                conv_loss = criterion(conv_cls, labels)
                tran_loss = criterion(tran_cls, labels)
            loss = (conv_loss + tran_loss) / 2
            loss_value = loss.item()

            optimizer.zero_grad()
            loss.backward()
            optimizer.step()

            sum_cls = conv_cls + tran_cls
            acc = (sum_cls.argmax(dim=1) == labels).float().mean().item()

            epoch_loss += loss_value / len(train_loader)
            epoch_acc += acc / len(train_loader)

        scheduler.step()

        with torch.no_grad():
            val_loss = 0
            val_acc = 0

            for datas, labels in tqdm(test_loader):
                datas = datas.to(device)
                labels = labels.to(device)

                with torch.cuda.amp.autocast():
                    test_conv_cls, test_tran_cls, _ = model(datas)
                    test_conv_loss = criterion(test_conv_cls, labels)
                    test_tran_loss = criterion(test_tran_cls, labels)
                loss = (test_conv_loss + test_tran_loss) / 2
                loss_value = loss.item()

                test_sum_cls = test_conv_cls + test_tran_cls

                acc = (test_sum_cls.argmax(dim=1) == labels).float().mean().item()
                val_loss += loss_value / len(test_loader)
                val_acc += acc / len(test_loader)

        print(
        f"Epoch: {epoch+1} - loss: {epoch_loss} - acc: {epoch_acc} - val_loss: {val_loss}
val_acc: {val_acc}"
        )
        writer.add_scalar('Loss(train)', epoch_loss, epoch)
        writer.add_scalar('Accuracy(train)', epoch_acc, epoch)
        writer.add_scalar('Loss(test)', val_loss, epoch)
    writer.add_scalar('Accuracy(test)', val_acc, epoch)
```

2.5.4 模型优化

对于上述构建的 Conformer 模型，还可以考虑从学习率、标签值、权重参数以及模型过拟合问题这 4 个方面进行优化，对应的优化策略分别为学习率预热与余弦退火策略、标签平滑策略、权重衰减策略和提前终止策略，详细叙述如下。

（1）学习率预热与余弦退火

学习率预热（Warm Up）即在模型训练初期采用较小的学习率进行训练，并随着训练次数的增加逐步提高学习率，最终达到预设学习率。采用学习率预热的好处在于该策略能够有效降低训练初期模型参数的震荡程度，减少模型在训练初期出现的过拟合现象，确保模型训练的平稳性。通常而言，刚开始训练模型时，对于小的学习率，模型的训练时间会很长，而如果给予较大的学习率，又会导致模型训练过程不平稳，因而在开始训练模型时，先选择一个较小的学习率，并通过设定预热步数逐步提升学习率，直至达到预设的学习率，使模型能够在预热阶段以动态增长的小学习率平稳训练，提升模型的训练效果。

学习率预热完成后，随着模型的持续训练，模型逐步趋向拟合，计算出的损失也将接近全局最小值。此时在梯度反向传播更新模型权值时，应当选择更小的学习率以保证模型平稳地拟合，因而可以采用余弦退火（Cosine Annealing）策略。具体而言，余弦退火策略采用余弦函数的形式来降低学习率，在余弦函数中，随着 x 的增加，余弦值依次呈现缓慢下降、加速下降、缓慢下降 3 种现象，这种特性对于调整学习率有很好的效果。随着训练次数的增加，学习率首先缓慢下降，保证模型能够以较高学习率快速拟合，随后快速降低，并最终以稳定的较低值训练模型，使模型平缓接近最优模型。

学习率预热与余弦退火优化策略的核心代码如下。

```
from timm.scheduler import CosineLRScheduler

warmup_epoch = 10
warmup_lr_init = 5e-6
scheduler = CosineLRScheduler(optimizer, t_initial=epochs, warmup_t=warmup_epoch,
warmup_lr_init=warmup_lr_init, warmup_prefix=True)
```

warmup_epoch 为学习率预热的步数。warmup_lr_init 为预热阶段学习率的初始值。optimizer 同前文设定的优化器保持一致。t_initial 代表模型训练总共迭代的次数。warmup_prefix 表示学习率在预热阶段结束时能否达到优化器中的预设学习率，当其为 True 时表示学习率在预热结束时可以达到预设学习率，并从此处开始进行余弦衰减；当其为 False 时代表学习率在预热结束时无法达到预设学习率，而是达到余弦函数与该增长曲线的交点处。

（2）标签平滑

标签平滑（Label Smoothing）可以看作机器学习领域的一种正则化方法，能够解决模型在分类任务中的过拟合问题，防止模型"过度自信"地预测错误标签，提高模型泛化能力。具体来说，标签平滑是针对分类问题中的 one-hot 编码而提出来的，传统 one-hot 编码向量对真实类别位置标 1，其余位置标 0，在进行模型训练时，通常采用如下交叉熵损失函数公式来计算模型损失。

$$H(y,p) = -\sum_{i}^{K} y_i \log p_i$$

其中，概率 P_i 是通过对模型输出的 logits 向量使用 softmax 函数计算得到的，因而在使用梯度下降法最小化损失函数的过程中，模型很容易去拟合真实类别的概率 1，这就导致模型输出的 logits 向量在目标类别位置的值变得极大，而在非目标类别位置的值变得极小，然而目标类别与非目标类别的 logits 差值过大代表模型倾向于"过度自信"地预测目标类别，这就使得模型的适应能力与泛化能力变差。例如当训练样本无法有效覆盖整个样本集时，采用 one-hot 编码的形式很容易导致过拟合问题，泛化能力变差。采用 one-hot 编码的形式除了会导致模型成为"非黑即白"、过于自信的低泛化能力模型外，还可能使模型忽略目标类别与非目标类别之间的关系，例如在进行图像分类任务时，如果目标类别是飞机，那么非目标类别中飞翔的鸟也应当具备一定的概率值，并且该概率值应当大于非目标类别中狗的概率值。

标签平滑则结合均匀分布，在 one-hot 编码向量的基础上进行修改，使用更新后的编码向量 $\hat{y}_i$ 进行替换，$\hat{y}_i$ 的计算公式如下。

$$\hat{y}_i = \begin{cases} 1-a, & i = \text{target} \\ a/K, & i \neq \text{target} \end{cases}$$

其中，K 表示分类任务中的类别总数，a 表示自行设定的一个较低的超参数。该方法能够平滑编码向量中各类别之间值的差距，通过向真实分布引入噪声，使得模型在预测时不会"过度自信"地输出过高的 logits 值，从而避免过拟合问题，提高模型泛化能力。标签平滑策略可以通过调用 timm（PyTorch Image Models）库来实现，核心代码示例如下。

```
from timm.loss import LabelSmoothingCrossEntropy

criterion = LabelSmoothingCrossEntropy()
loss = criterion(outputs, targets)
```

其中，outputs 为模型的预测输出值，targets 为目标类别。

（3）权重衰减

权重衰减（Weight Decay）策略就是在模型权重参数后加入一个惩罚项，避免模型在训练过程中出现高权值参数而导致模型过拟合。常用的惩罚项形式为所有权重的平方和乘上一个衰减常量，例如 L2 正则化公式。

$$C = C_0 + \frac{\lambda}{2n} \sum_w w^2$$

其中，C 表示新的代价函数，C_0 表示原始代价函数，w 表示权重参数，λ 表示正则项系数，亦称权重衰减系数，用以权衡原始代价函数 C_0 与正则项之间的比重。

本案例中有关模型实现权重衰减的核心代码如下。

```
# BN层 以及偏置 bias 不需要 weight_decay，仅需对其他层的 weight 进行权重衰减
no_decay_params_names = (p for name, p in model.named_parameters() if 'bias' in name
or 'bn' in name)
decay_params_names = (p for name, p in model.named_parameters() if 'bias' not in name
and 'bn' not in name)
optimizer = torch.optim.Adam([
    {'params': no_decay_params_names},
    {'params': decay_params_names, 'weight_decay': 1e-4}
],lr=lr)
```

上述代码对优化器进行了修改，首先提取了 Conformer 模型中涉及的所有参数信息，抽取模型中属于偏置项或者批归一化的参数并将其加入 no_decay_params_names 中，表示这些参数不需要执行权重衰减策略，剩余参数则归类到 decay_params_names 中，待执行权重衰减策略，最后将 no_decay_params_names 以及 decay_params_names 分别传入优化器中，完成部分参数的权重衰减。

偏置 bias 不参与权重衰减的原因在于，偏置 bias 对输入的变化是不敏感的，对模型输出结果的贡献仅是在输入数据加权后加上偏置，因而惩罚偏置 bias 并没有意义。实际上，应当给予惩罚的是模型的权重参数 weight，输入数据的细微变化改变模型输出结果是由于模型的曲率过大，即权重参数 weight 过大，应当通过权重衰减策略减小模型权重，保证相同类别的数据不会因微小差距而被模型预测到错误类别上。而对批归一化而言，其不参与权重衰减的原因在于，批归一化本身解决了层与层之间数据分布差异过大的问题，它能够将每层的数据差异限定在一

定的范围内，稳定数据分布。而前面所说的权重衰减则是为了防止因输入数据差异过大而导致在逐层传递时积累较大的误差，输出错误结果，因而批归一化更像是从本质上解决了权重衰减的前提问题，不需要执行权重衰减策略。

（4）提前终止

提前终止（Early Stopping）是一种有效防止模型过拟合的正则化策略。通常而言，模型会随着训练次数的增加而逐渐拟合训练集，并在测试集上展现出越来越好的效果，然而在训练的某个节点之后，可能会出现过度训练现象。例如在训练集上的训练效果越来越好，而在测试集上的预测效果逐渐变差，这时候为了保证模型为最优模型，可以采用提前终止策略，避免模型过拟合。提前终止策略的部分核心代码如下所示。

```
if test_accuracy > best_accuracy:
    best_accuracy = test_accuracy
    patience = 0
    torch.save(model, f"Conformer_{epoch}_Epoch.pth")
else:
    patience += 1
    print(f"Patience {patience} of 5")
    if patience > 4:
        print(f"Early stopping with best accuracy: {best_accuracy}")
        print(f"Epoch: {epoch} - Test accuracy now: {test_accuracy}")
        break
```

test_accuracy 表示模型在该 epoch 上测试集的准确率。best_accuracy 表示之前迭代训练过程中的最优准确率。patience 表示模型允许在测试集上准确率不再提升的次数，当超过预设好的 patience 时，模型跳出循环终止训练。如果模型在 patience 次数内表现出更优的效果，则将 patience 置 0，并保存该 epoch 下的最优模型。

2.5.5　实验评估

对上文构建的 Conformer 模型进行优化后，在太阳黑子群磁光融合图上执行训练与测试操作，可以得到每阶段 Conformer 模型在测试集上的测试结果，将测试结果同之前得到的最佳 VGG16 模型进行对比，进一步分析 Conformer 模型的效果。

图 2.8（a）和图 2.8（b）分别表示 Conformer 模型与 VGG16 模型在测试集上的准确率以及损失随训练次数变化的情况。从准确率曲线图来看，前 10 个 epoch 中，Conformer 模型在测试集上的准确率基本低于 VGG16 模型，而之后 40 个 epoch 中，Conformer 模型的测试准确率基本高于 VGG16 模型，并最终达到 93%多。其原因在于，Conformer 模型在前 10 个 epoch 中执行学习率预热的策略，学习率由一个极低值逐步线性增长至较大的预设值，因而模型在此阶段的训练进度相对较慢，在测试集上的测试准确率也相应较低，准确率曲线变化也较平滑。在后 40 个 epoch 阶段，测试准确率在前半段波动剧烈，而在后半段波动渐趋平缓，这同余弦退火策略相匹配。从测试集的损失角度进行分析，准确率较高的 Conformer 模型的损失反倒比 VGG16 模型大，这是由于构建的 Conformer 模型采用了标签平滑策略，传统模型一般会拉大模型输出数值之间的差距，让正确类别对应位置的数值尽可能大，所以损失较小，而标签平滑策略并不追求正确类别对应数值尽可能大，而是限制正确类别对应的数值，使其对其他类别的数值来说相对较大，因而计算出的损失通常较大。此外，损失与准确率在某些情况下并非对应关系，以传统交叉熵的计算为例，若正确类别为 1，模型输出值使用 softmax 函数转化为概率形式后，其概率相对最大值才能决定模型最终的预测类别，最大概率为 90%与最大概率为 51%的预测结果相同，而前者计算出的损失相比后者小。

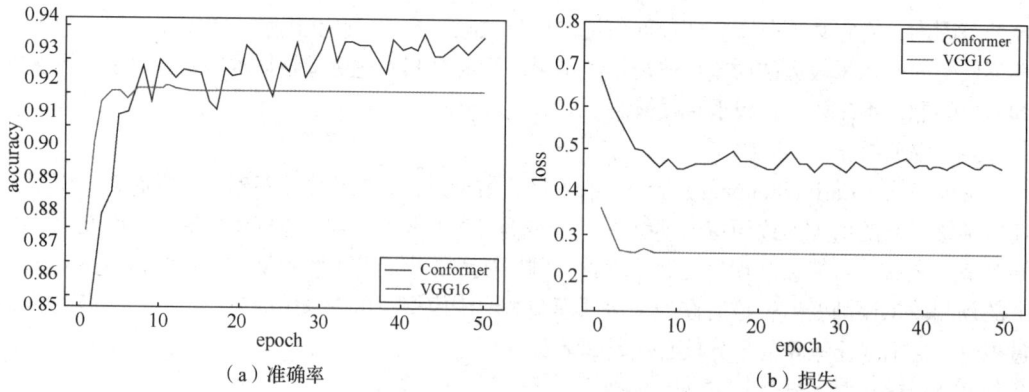

（a）准确率 　　　　　　　　　　　　（b）损失

图2.8　Conformer 模型与 VGG16 模型性能对比

　　下面从 F1 分数、召回率与精度的角度对比 Conformer 模型与 VGG16 模型，对比结果如图 2.9 所示。从图中可以分析出，训练好的 Conformer 模型在测试集上的 F1 分数、召回率与精度的得分分别为 94.18、94.05、94.37，远远超过前文最佳的 VGG16 模型，因而在太阳黑子智能分类任务中，Conformer 模型能够取得更好的效果。

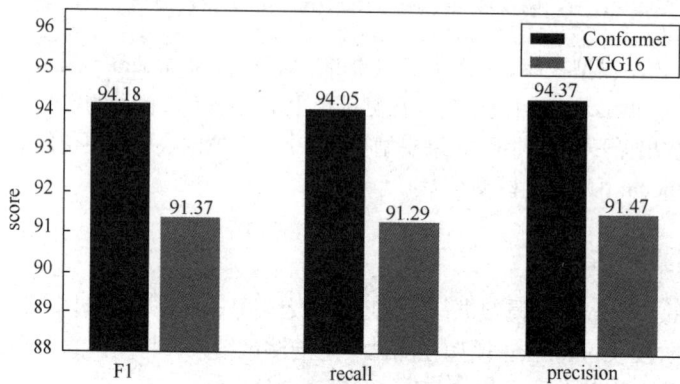

图2.9　Conformer 模型与 VGG16 模型的核心指标对比

　　由前文可知，Conformer 模型能够将全局特征与局部特征相结合。下面对训练好的 Conformer 模型的注意力层进行可视化，可视化结果如图 2.10 所示。其中，图 2.10（a）为输入模型的原图，图 2.10（b）为注意力图与原图的叠加图，图 2.10（c）为单纯注意力的可视化图，颜色越深代表注意力权重越低。图 2.10（b）和图 2.10（c）清晰地展示了 Conformer 模型在预测太阳黑子群磁光融合图的类别时所关注的区域信息，从而证明了 Conformer 模型的优势所在。

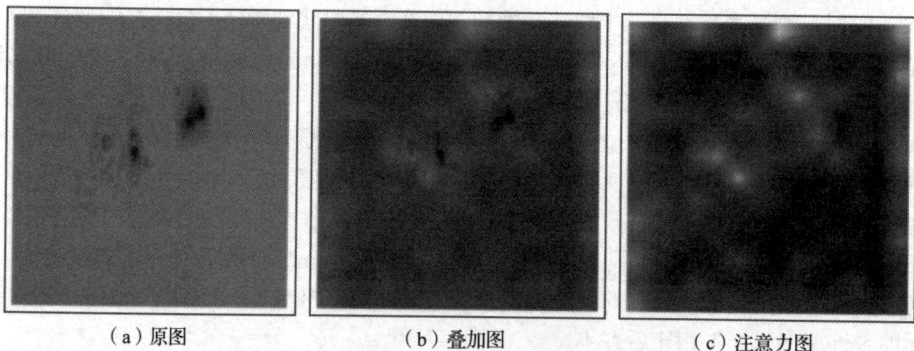

（a）原图 　　　　　　　　（b）叠加图 　　　　　　　　（c）注意力图

图2.10　Conformer 模型的注意力层的可视化结果

　　本实验针对太阳黑子智能分类这一任务，在数据准备、数据预处理、模型构建、模型优化、模型对比、实验评估等方面进行了分析。其中，数据准备部分介绍了原始数据集的文件分布与图像文件的命名规则，并揭示了数据不平衡以及数据内部相似性过高的问题；数据预处理部分着重从图像融合、数据增强、数据集划分 3 个角度对观测数据集进行处理，解决原数据集内部存在的问题；实验部分分别构建 VGG16、ResNet50、DenseNet121 等卷积神经网络分类模型以及 Conformer 模型，并提出学习率预热、余弦退火、标签平滑、权重衰减以及提前终止优化策略，最后对构建的几个模型进行对比与实验评估，筛选出在太阳黑子智能分类任务中效果最优的模型。实验结果表明，构建的 Conformer 模型在太阳黑子智能分类任务中能得到更高的 F1 分数、召回率、精度与准确率，并且其注意力层可视化效果较好。

思考题

　　（1）有哪些常用的图像融合方法？
　　（2）如何对图像中的噪声进行处理？
　　（3）使用 OpenCV 对图像进行处理有什么优点？
　　（4）如何选择合适的卷积神经网络获取图像的特征？
　　（5）卷积神经网络分类模型调优的常用方法有哪些？
　　（6）本案例还可以做哪些方面的改进？

第 3 章

气象预测

【本章导读】

本章致力于解决极端天气预测这一复杂且紧迫的问题。为了更准确地预测极端天气，研究人员采用了多种深度学习模型，包括 CNN、长短期记忆网络（Long Short-Term Memory，LSTM）以及这两者的结合，对历史气候观测数据和模拟的时序数据进行分析。Nino 指数（Nino 代表厄尔尼诺现象）作为一个关键指标，用于反映热带太平洋地区的海表温度异常，与极端天气事件（如厄尔尼诺和拉尼娜现象）有着密切的联系。因此，准确预测 Nino 指数对提前预警极端天气至关重要。在分析过程中，选择不同年份开始的连续 36 个月的 4 种数据作为输入，这些数据涵盖多种气候变量，如温度、湿度、风速等。这些数据不仅具有时序特性，还包含空间相关性，因此需要采用合适的模型来捕捉这些复杂的特征。为了进一步提高预测精度，探索 CNN 和 LSTM 的结合方式，设计了一种孪生卷积神经网络（Siamese CNN）与 LSTM 相结合的模型。这种模型首先利用 Siamese CNN 提取数据的空间特征，然后将这些特征输入 LSTM 中，以捕捉时序依赖性。通过这种结合，模型能够同时利用空间和时间信息，从而提高预测的准确性。经过多种算法的比较，研究人员发现 Siamese CNN 和 LSTM 结合的方法在预测 Nino 指数方面有较好的效果。

如何将 AI 技术应用到天气、气候预测领域中，提高极端灾害性天气的预报水平，已成为整个行业的研究热点。发生在热带太平洋上的厄尔尼诺-南方涛动（ENSO）现象是地球上最强、最显著的年际气候信号之一，经常会引发洪涝、干旱、高温、雪灾等极端事件，2020 年底我国冬季的极寒天气也与 ENSO 息息相关。对于 ENSO 的预测，气候模式消耗计算资源多且存在春季预测障碍。基于历史气候观测和模拟数据，利用 T 时刻过去 12 个月（包含 T 时刻）的时空序列（气象因子）可以构建预测 ENSO 的深度学习模型，预测未来 1~24 个月的 Nino3.4 指数，这对极端天气与气候事件的预测具有重要意义。

气象信息的数据量庞大，以往在进行气象预测时，往往基于气象学的知识对未来的气象变化进行大致判断。但由于当今对大气过程的研究不够透彻，因此在进行气象预测时常产生一定的误差，而神经网络则是通过大量数据对结果进行拟合，较适合气象预测这类具有大量数据的任务，因此本案例拟通过已有的气象信息对未来的 Nino 指数进行大致的预测分析。

3.1　数据准备

本案例的数据采用网络通用数据格式（Network Common Data Format，NetCDF）进行存储。NetCDF 文件常用来存储气象等领域的数据，需要安装 netCDF4 库对数据进行读取。

本案例的数据主要由两个文件组成，分别为 CMIP_train.nc 及 CMIP_label.nc，如图 3.1 所示，其中 CMIP_train.nc 存放的是训练数据，CMIP_label.nc 则存放对应的标签数据。这两个文件存放在 data 文件夹中。案例目录下还建立了 model 文件夹，用以存放训练所得的各模型，以便未来预测使用。

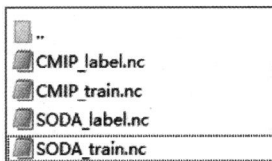

```
..
CMIP_label.nc
CMIP_train.nc
SODA_label.nc
SODA_train.nc
```

图 3.1　案例数据目录

首先导入 netCDF4 库，并对训练数据进行读取。

```
import netCDF4
from netCDF4 import Dataset
train_info=Dataset("data/CMIP_train.nc")
traininfo.variables
```

训练数据分为海表温度异常数据 sst、热含量异常数据 t300、纬向风异常数据 ua 以及经向风异常数据 va。

训练数据中详细记录了各数据的维度大小以及对缺失值的处理方式等。

```
{'sst': <class 'netCDF4._netCDF4.Variable'>
float64 sst(year, month, lat, lon)
    _FillValue: nan
unlimited dimensions:
current shape = (4645, 36, 24, 72)
filling on,
't300': <class 'netCDF4._netCDF4.Variable'>
float64 t300(year, month, lat, lon)
    _FillValue: nan
unlimited dimensions:
current shape = (4645, 36, 24, 72)
filling on,
```

```
'ua': <class 'netCDF4._netCDF4.Variable'>
float64 ua(year, month, lat, lon)
    _FillValue: nan
unlimited dimensions:
current shape = (4645, 36, 24, 72)
filling on,
'va': <class 'netCDF4._netCDF4.Variable'>
float64 va(year, month, lat, lon)
    _FillValue: nan
unlimited dimensions:
current shape = (4645, 36, 24, 72)
filling on,
'year': <class 'netCDF4._netCDF4.Variable'>
int32 year(year)
unlimited dimensions:
current shape = (4645,)
filling on, default _FillValue of -2147483647 used,
'month': <class 'netCDF4._netCDF4.Variable'>
int32 month(month)
unlimited dimensions:
current shape = (36,)
filling on, default _FillValue of -2147483647 used,
'lat': <class 'netCDF4._netCDF4.Variable'>
float32 lat(lat)
    _FillValue: nan
    axis: Y
    units: degrees_north
    long_name: latitude
    standard_name: latitude
unlimited dimensions:
current shape = (24,)
filling on,
'lon': <class 'netCDF4._netCDF4.Variable'>
float32 lon(lon)
    _FillValue: nan
    axis: X
    units: degrees_east
    long_name: longitude
    standard_name: longitude
unlimited dimensions:
current shape = (72,)
filling on}
```

　　每个数据样本的第一维度（year）都表示数据所对应的起始年份。CMIP 数据涵盖 4645 年，其中 1～2265 为 CMIP6 中 15 个模式提供的 151 年的历史模拟数据（151×15=2265）；2266～4645 为 CMIP5 中 17 个模式提供的 140 年的历史模拟数据（140×17=2380）。最后两个维度表示的是经度与纬度。数据缺失部分则全部使用 NaN 进行填充。

　　由于显示的是二维坐标信息，因此也可以将每个时刻的数据看作一张图片，通过图片对当年的气象信息分类。

　　随后对标签数据进行读取。标签数据同训练数据一致，涵盖 4645 个不同的年份以及 36 个不同的月份，分别对应一个 Nino 指数。

```
label_info=Dataset("data/CMIP_label.nc")
label_info.variables
{'nino': <class 'netCDF4._netCDF4.Variable'>
float64 nino(year, month)
    _FillValue: nan
unlimited dimensions:
```

```
current shape = (4645, 36)
filling on,
'year': <class 'netCDF4._netCDF4.Variable'>
int32 year(year)
unlimited dimensions:
current shape = (4645,)
filling on, default _FillValue of -2147483647 used,
'month': <class 'netCDF4._netCDF4.Variable'>
int32 month(month)
unlimited dimensions:
current shape = (36,)
filling on, default _FillValue of -2147483647 used}
```

3.2 数据可视化

对数据进行可视化处理。选取特定年份与月份后，观察当月的 4 类气象数据（sst、t300、ua、va），如图 3.2 所示。

```
year=0;month=0
plt.imshow(train_info['sst'][year][month])
plt.imshow(train_info['t300'][year][month])
plt.imshow(train_info['ua'][year][month])
plt.imshow(train_info['va'][year][month])
year=100;month=0
```

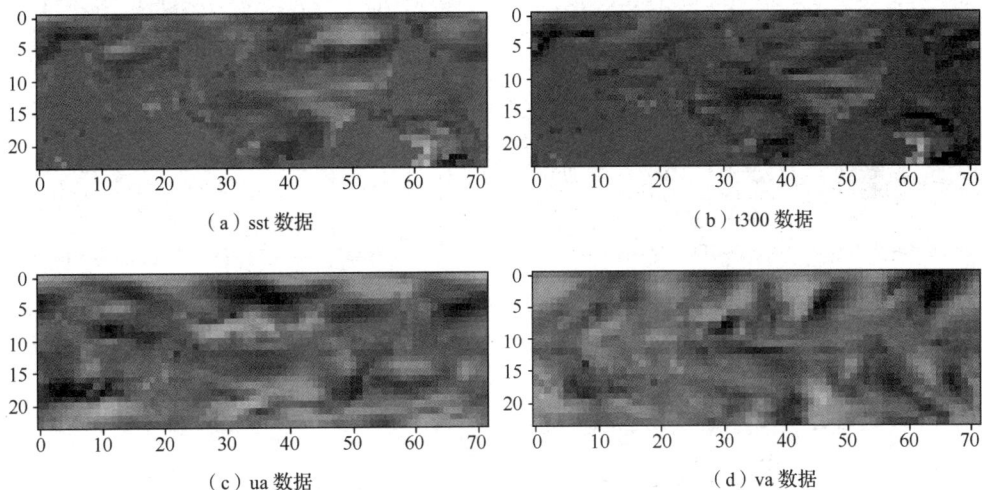

（a）sst 数据 （b）t300 数据

（c）ua 数据 （d）va 数据

图 3.2 气象数据可视化效果

可视化处理后，可以发现在一定程度上能够将气象数据视作一张 24 像素×72 像素的图片，从而可以使用卷积的方法对其进行处理。同时气象数据在时间上有一定的连续性。如何合理运用这两类特征成为本案例的关键问题。

3.3 数据预处理

从读取到的 NetCDF 文件中可以发现，部分缺失值使用了 NaN 进行处理，而神经网络在运行时无法理解 NaN 这一信息。因此在使用网络进行训练前需要对数据进行清洗，将其中的 NaN 数值进行替换。网络部分将使用 PyTorch 框架进行搭建，因此也许需要将原始数据制作成 PyTorch

中的 DataLoader 格式。

```
trans=transforms.ToTensor()
```

为 4 类不同的数据分别创建不同的 DataLoader 对象。

```
sst_dataloader=[]
for i in range(4645):
    temp=[]
    for j in range(36):
        data=np.array(train_info['sst'][i][j])
        data[np.isnan(data)]=0
        temp.append((trans(data),np.array([label_info['nino'][i][j]])))
    sst_dataloader.append(DataLoader(dataset=temp,batch_size=36,shuffle=False))
t300_dataloader=[]
for i in range(4645):
    temp=[]
    for j in range(36):
        data=np.array(train_info['t300'][i][j])
        data[np.isnan(data)]=0
        temp.append((trans(data),np.array([label_info['nino'][i][j]])))
    t300_dataloader.append(DataLoader(dataset=temp,batch_size=36,shuffle=False))
va_dataloader=[]
for i in range(4645):
    temp=[]
    for j in range(36):
        data=np.array(train_info['va'][i][j])
        data[np.isnan(data)]=0
        temp.append((trans(data),np.array([label_info['nino'][i][j]])))
    va_dataloader.append(DataLoader(dataset=temp,batch_size=36,shuffle=False))
ua_dataloader=[]
for i in range(4645):
    temp=[]
    for j in range(36):
        data=np.array(train_info['ua'][i][j])
        data[np.isnan(data)]=0
        temp.append((trans(data),np.array([label_info['nino'][i][j]])))
    ua_dataloader.append(DataLoader(dataset=temp,batch_size=36,shuffle=False))
```

一次性导入所有训练数据。

```
dataloader=[]
for i in range(4645):
    temp=[]
    for j in range(36):
        data1=np.array(train_info['sst'][i][j])
        data1[np.isnan(data1)]=0
        data2=np.array(train_info['t300'][i][j])
        data2[np.isnan(data2)]=0
        data3=np.array(train_info['ua'][i][j])
        data3[np.isnan(data3)]=0
        data4=np.array(train_info['va'][i][j])
        data4[np.isnan(data4)]=0
        temp.append((trans(data1),trans(data2),trans(data3),trans(data4),np.array
([label_info['nino'][i][j]])))
    dataloader.append(DataLoader(dataset=temp,batch_size=36,shuffle=False))
```

完成数据的制作后，便可以开始搭建训练所需的神经网络。

3.4 使用卷积神经网络进行预测

使用卷积神经网络将各时刻的 sst、t300、va 及 ua 数据分别放入网络并进行训练，使结果拟合最终的 Nino 指数。

　　根据可视化的结果，输入的数据可看作某一时刻该地区各项数据的指标图，由于输入大小固定，均为 24 像素×72 像素，可视为 24 像素×72 像素的二维图片，因此可使用卷积神经网络进行处理并预测最终的 Nino 指数。

　　方法 1 即采用卷积神经网络 Inception。Inception 是由谷歌提出的一种卷积神经网络模型，通过将大卷积核分解为多个小卷积核，在获取更大感受野的同时减少模型所使用的变量，提高精度的同时简化模型。

　　由于原始数据的大小仅为 24 像素×72 像素，如果过度进行卷积操作，容易导致关键信息丢失，因此需要在原 Inception 网络的基础上进行适当的修改，保留分离卷积部分，而舍弃一部分池化层。

　　首先导入训练数据。以年份和月份为划分依据，每一批次的数据均为某年开始的连续 36 个月的数据，标签值则为对应的 Nino 指数。

3.4.1　搭建 Inception 网络

　　Inception 网络分为多条分支，这些分支能够通过卷积运算掌握不同的感受野。例如 1×1 的卷积核能够感受较小的特征，1×1 卷积核后接 3×3 卷积核则能感受中等大小的特征，而两个连续的 3×3 卷积核则可以感受较大的特征。最后将经过 3 条分支得到的卷积结果相接，传递给全连接层，相当于通过 Inception 网络得到了原始数据各个大小的特征，从而提高最后预测的精度。

　　Inception 网络中使用的卷积层后接 Batch Normalization（BN）层，最后经过激活函数层将特征传递给全连接层。卷积神经网络的主要目标是学习训练数据的分布，并在测试集上达到很好的泛化效果，但是，如果每一个 batch 输入的数据都具有不同的分布，显然会给网络的训练带来困难。为解决这一问题，就需要使用归一化的方法。BN 是卷积神经网络中经常用到的加速神经网络训练、加快收敛速度及提升稳定性的算法，可以说是目前卷积神经网络必不可少的一部分。

```
class Inception(nn.Module):
    def __init__(self,input_channel,output_channel):
        super(Inception, self).__init__()

        #搭建分支一：1×1 卷积核
    self.branch1_1=nn.Conv2d(input_channel,output_channel,kernel_size=1,stride=1,padding=0)
        self.branch1_2=nn.BatchNorm2d(output_channel)
        self.branch1_3=nn.Sigmoid()
        #搭建分支二：1×1 卷积核后跟 3×3 卷积核
    self.branch2_1=nn.Conv2d(input_channel,output_channel//2,kernel_size=1,stride=1,
padding=0)
        self.branch2_2=nn.Conv2d(output_channel//2,output_channel,kernel_size=3,stride=1,
padding=1)
        self.branch2_3=nn.BatchNorm2d(output_channel)
        self.branch2_4=nn.Sigmoid()
        #搭建分支三：3×3 卷积核后跟 3×3 卷积核
    self.branch3_1=nn.Conv2d(input_channel,output_channel//2,kernel_size=3,stride=1,padding=1)
        self.branch3_2=nn.Conv2d(output_channel//2,output_channel,kernel_size=3,stride=1,
padding=1)
        self.branch3_3=nn.BatchNorm2d(output_channel)
        self.branch3_4=nn.Sigmoid()
        self.pool1=nn.MaxPool2d(kernel_size=2,stride=2)
        self.pool2=nn.MaxPool2d(kernel_size=4,stride=4)
```

```
self.linear1=nn.Sequential(nn.Linear(41472,1000),nn.BatchNorm1d(1000),nn.Sigmoid())
    self.linear2=nn.Sequential(nn.Linear(1000,100),nn.BatchNorm1d(100),nn.Sigmoid())
        self.linear3=nn.Linear(100,1)
    def forward(self,x):
        b1_1=self.branch1_1(x)
        b1_2=self.branch1_2(b1_1)
        b1_3=self.branch1_3(b1_2)
        b2_1=self.branch2_1(x)
        b2_2=self.branch2_2(b2_1)
        b2_3=self.branch2_3(b2_2)
        b2_4=self.branch2_4(b2_3)
        b3_1=self.branch3_1(x)
        b3_2=self.branch3_2(b3_1)
        b3_3=self.branch3_3(b3_2)
        b3_4=self.branch3_4(b3_3)
        outputs = [b1_3,b2_4,b3_4]
        concat=torch.cat(outputs,1)
        pool1=self.pool1(concat)
        flatten=pool1.flatten(start_dim=1)
        linear1=self.linear1(flatten)
        linear2=self.linear2(linear1)
        linear3=self.linear3(linear2)
        return linear3
```

3.4.2　训练过程

在训练程序中设置模型的超参数。由于本案例是预测 Nino 指数，属于回归问题，因此损失函数使用了 MSELoss()（即均方误差损失函数）。优化器使用的是 SGD，即随机梯度下降法，该优化方式在训练过程中添加了部分噪声，能够起到一定的正则化效果，防止最后结果出现过拟合的情况。

```
def method1(model,dataset,epoches=100,
    device=torch.device("cuda:0" if torch.cuda.is_available() else "cpu"),lr=0.01,
momentum=0.5):
    epo=[]
    maxloss=0
    losses=[]
    criterion=nn.MSELoss(reduction='mean')
    optimizer=optim.SGD(model.parameters(),lr=lr,momentum=momentum)
    model.to(device)
    for epoch in range(epoches):
        epo.append(epoch)
            train_loss=0
            model.train()
            for i in range(len(dataset)):
                    for img,label in dataset[i]:
                            img=img.to(device).float()
                            label=label.to(device)
                            img=img.to(torch.float32)
                            label=label.to(torch.float32)
                            out=model(img)
                            loss=criterion(out,label)
                            optimizer.zero_grad()
                            loss.backward()
                            optimizer.step()
                            train_loss+=loss.item()
            losses.append(train_loss/(len(dataset)))
        if losses[-1]>maxloss:
            maxloss=losses[-1]
             print('epoch:{},Train Loss:{:.4f}'.format(epoch,losses[-1]))
```

```
    plt.plot(epo,losses)
    plt.ylim(0,(maxloss//0.05+1)*0.05)
    plt.xlabel("epoch")
    plt.ylabel("loss")
    plt.show()
    return losses
```

sst 数据训练过程如下。

```
model1=Inception(input_channel=1,output_channel=32)
train.method1(model=model1,dataset=sst_dataloader,epoches=100)
```

得到的结果如图 3.3 所示。

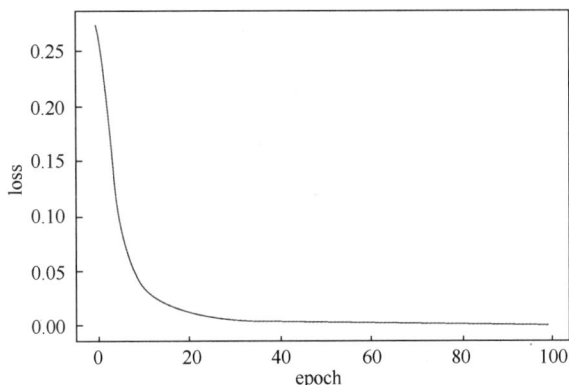

图 3.3　Inception 网络 sst 数据训练结果

t300 数据训练过程如下。

```
model2=Inception(input_channel=1,output_channel=32)
train.method1(model=model2,dataset=t300_dataloader,epoches=100)
```

得到的结果如图 3.4 所示。

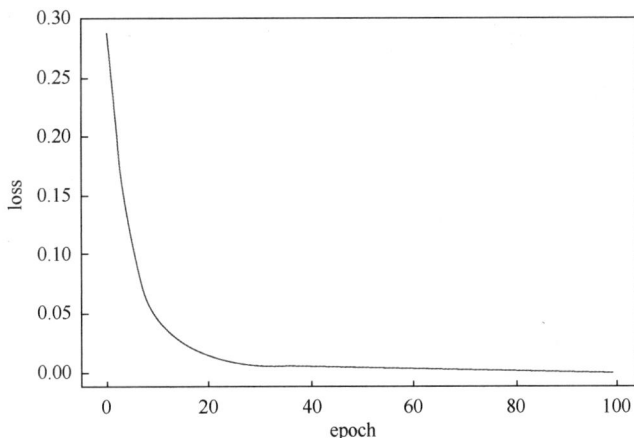

图 3.4　Inception 网络 t300 数据训练结果

ua 数据训练过程如下。

```
model3=Inception(input_channel=1,output_channel=32)
train.method1(model=model3,dataset=va_dataloader,epoches=100)
```

得到的结果如图 3.5 所示。

va 数据训练过程如下。

```
model4=Inception(input_channel=1,output_channel=32)
train.method1(model=model4,dataset=ua_dataloader,epoches=100)
```

得到的结果如图 3.6 所示。

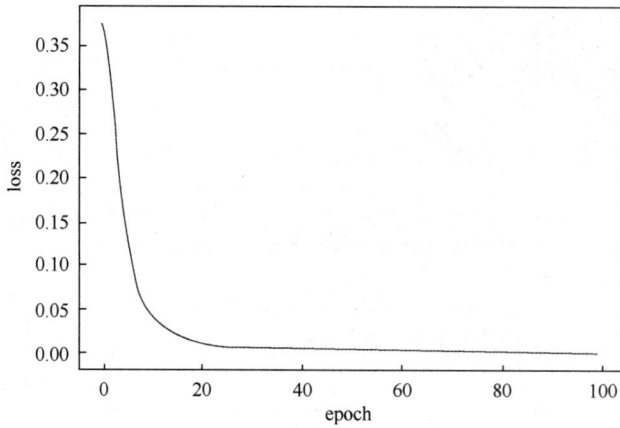

图 3.5　Inception 网络 ua 数据训练结果

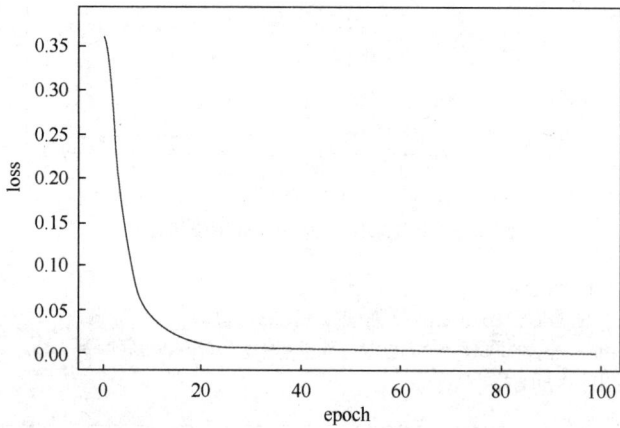

图 3.6　Inception 网络 va 数据训练结果

对比 4 类数据训练结果，如图 3.7 所示。

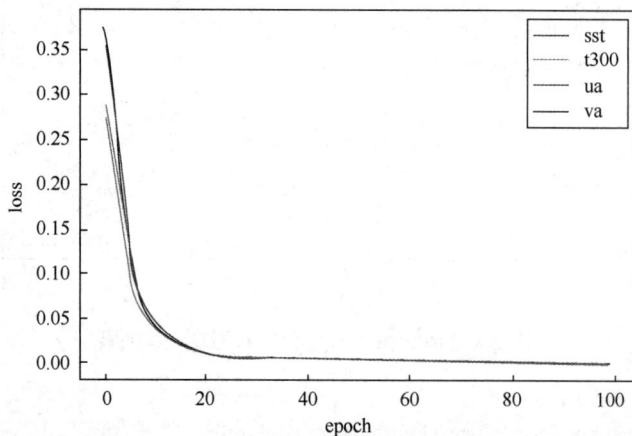

图 3.7　Inception 网络 4 类数据训练结果

　　通过训练发现，4 类数据最终都能收敛为较小的损失。但是方法 1 的缺点在于，每次判断只使用了其中一类数据，如果将同一地区的 4 类数据分别输入 4 个对应的模型，将得到 4 个结果。如何根据这 4 个结果确定最终预测的 Nino 指数依然是一个待解决的问题，因此需要一种能够同时处理 4 种不同的输入，并且最终只输出一个 Nino 指数的方法。

3.5　基于孪生卷积神经网络的预测

之前使用了卷积神经网络对 4 类数据分别进行训练和预测，但仍存在一些问题，因此这里尝试使用孪生卷积神经网络的思想。传统的孪生卷积神经网络包含两个子网络，子网络各自接收一个输入，将其映射至高维特征空间，并输出对应的表征。由于本案例包含 4 类数据，因此尝试将 4 个网络进行拼接，改为每次输入 4 类数据。

3.5.1　搭建孪生 Inception 网络

搭建基本的 Inception 模块，以供孪生 Inception 网络调用。由于有 4 类不同的数据，因此在搭建时需要同时搭建 4 个不同的 Inception 模块，每个模块分别提取对应数据的特征。

同方法 1 中使用的 Inception 网络类似，此处使用的 Inception 模块也采用了 3 条分支。

```
class Inception_Module(nn.Module):
    def __init__(self,input_channel,output_channel,output_size):
        super(Inception_Module, self).__init__()
    self.branch1_1=nn.Conv2d(input_channel,output_channel,kernel_size=1,stride=1,
padding=0)
        self.branch1_2=nn.BatchNorm2d(output_channel)
        self.branch1_3=nn.Sigmoid()
    self.branch2_1=nn.Conv2d(input_channel,output_channel//2,kernel_size=1,stride=1,
padding=0)
        self.branch2_2=nn.Conv2d(output_channel//2,output_channel,kernel_size=3,stride=1,
padding=1)
        self.branch2_3=nn.BatchNorm2d(output_channel)
        self.branch2_4=nn.Sigmoid()
    self.branch3_1=nn.Conv2d(input_channel,output_channel//2,kernel_size=3,stride=1,padding=1)
    self.branch3_2=nn.Conv2d(output_channel//2,output_channel,kernel_size=3,stride=1,
padding=1)
        self.branch3_3=nn.BatchNorm2d(output_channel)
        self.branch3_4=nn.Sigmoid()
        self.pool1=nn.MaxPool2d(kernel_size=2,stride=2)
        self.pool2=nn.MaxPool2d(kernel_size=4,stride=4)
    self.linear=nn.Sequential(nn.Linear(217728,output_size),nn.BatchNorm1d(output_size),
nn.Sigmoid())
    def forward(self,x):
        b1_1=self.branch1_1(x)
        b1_2=self.branch1_2(b1_1)
        b1_3=self.branch1_3(b1_2)
        b2_1=self.branch2_1(x)
        b2_2=self.branch2_2(b2_1)
        b2_3=self.branch2_3(b2_2)
        b2_4=self.branch2_4(b2_3)
        b3_1=self.branch3_1(x)
        b3_2=self.branch3_2(b3_1)
        b3_3=self.branch3_3(b3_2)
        b3_4=self.branch3_4(b3_3)
        outputs = [b1_3,b2_4,b3_4]
        concat=torch.cat(outputs,1)
        pool1=self.pool1(concat)
        pool2=self.pool2(concat)
        flatten0=concat.flatten(start_dim=1)
        flatten1=pool1.flatten(start_dim=1)
        flatten2=pool2.flatten(start_dim=1)
        flatten=torch.cat([flatten0,flatten1,flatten2],1)
        linear=self.linear(flatten)
        return linear
```

随后搭建孪生 Inception 网络，每一条分支分别搭建一个 Inception 模块，并将 4 个模块相接。在正向传递的过程中，通过 Inception 模块提取出 4 类输入的不同特征，随后将其展平并拼接到一起，一同传入下一层的全连接层中。

```python
class Inception2(nn.Module):
    def __init__(self,input_channel,output_channel,hidden_size):
        super(Inception2,self).__init__()
        self.linear=nn.Sequential(nn.Linear(hidden_size*4,100),nn.BatchNorm1d(100),
nn.Sigmoid())
        self.linear2=nn.Linear(100,1)
        self.net1=Inception_Module(input_channel,output_channel,hidden_size)
        self.net2=Inception_Module(input_channel,output_channel,hidden_size)
        self.net3=Inception_Module(input_channel,output_channel,hidden_size)
        self.net4=Inception_Module(input_channel,output_channel,hidden_size)
    def forward(self,input1,input2,input3,input4):
        input1=self.net1(input1)
        input2=self.net2(input2)
        input3=self.net3(input3)
        input4=self.net4(input4)
        concat=torch.cat([input1,input2,input3,input4],1)
        l1=self.linear(concat)
        l2=self.linear2(l1)
        return l2
```

3.5.2 训练过程

导入训练函数。

```python
losses=[]
epo=[]
maxloss=0
criterion = nn.MSELoss(reduction='mean')
optimizer = optim.SGD(model.parameters(), lr=lr, momentum=momentum)
model=model.to(device)
for epoch in range(epoches):
epo.append(epoch)
train_loss=0
model.train()
for i in range(len(dataset)):
 for img1,img2,img3,img4,label in dataset[i]:
     img1=img1.to(device).float()
     img2=img2.to(device).float()
     img3=img3.to(device).float()
     img4=img4.to(device).float()
     label=label.to(device)
     img1=img1.to(torch.float32)
     img2=img2.to(torch.float32)
     img3=img3.to(torch.float32)
     img4=img4.to(torch.float32)
     label=label.to(torch.float32)
     out=model(img1,img2,img3,img4)
     loss=criterion(out,label)
     optimizer.zero_grad()
     loss.backward()
     optimizer.step()
     train_loss+=loss.item()
losses.append(train_loss/(len(dataset)))
if losses[-1]>maxloss:
 maxloss=losses[-1]
print('epoch:{},Train Loss:{:.4f}'.format(epoch,losses[-1]))
```

训练过程如下。

```
inception_twin_model=Inception2(1,32,1000)
train.method2(model=inception_twin_model,dataset=dataloader,epoches=100)
```

得到的结果如图 3.8 所示。

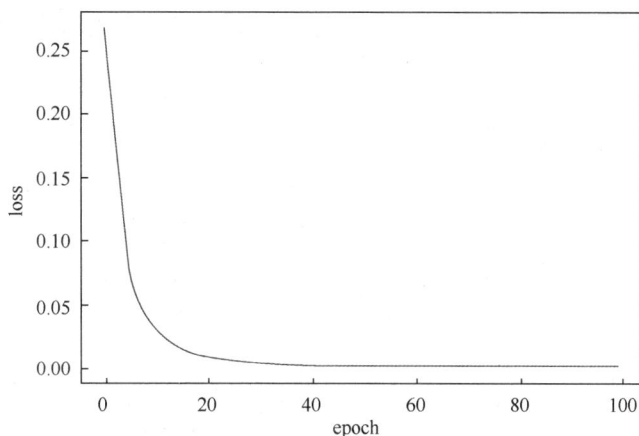

图 3.8　孪生 Inception 网络训练结果

与方法 1 的训练结果进行对比，如图 3.9 所示。

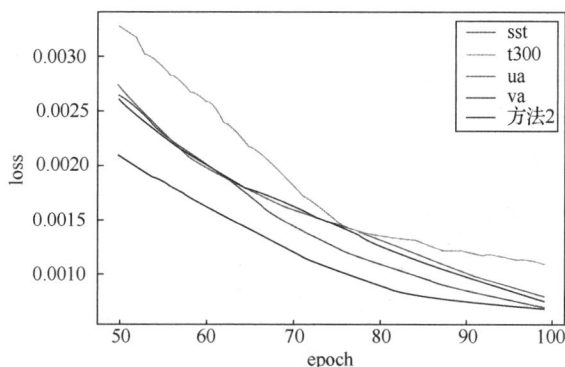

图 3.9　Inception 网络和孪生 Inception 网络训练结果比较

可以发现方法 2 不但做到了一次同时输入 4 种不同类型的数据，而且预测的准确率也高于方法 1。目前使用了两种有关卷积神经网络的方法进行预测，卷积神经网络的优点是能够捕捉二维数据中存在的特征进行学习，并最终拟合出需要预测的指数。

在本案例中，给出了不同年份开始的连续 36 个月的数据，而气象数据往往具有一定的时序性。例如某时刻的 Nino 指数同样可能受到前几个月数据的影响，但上述使用的方法均只能根据当前时刻的数据进行预测，而若同时输入若干个月的数据，又可能导致不同时刻的数据对当前时刻的数据产生相同程度的影响。

为解决时序性问题，同时避免不同时刻的数据对当前时刻的数据产生相同程度的影响，可以采用方法 3，即使用循环神经网络（Recurrent Neural Network，RNN）。

3.6　使用循环神经网络进行预测

传统神经网络只能单独处理一个个的输入，前一个输入和后一个输入是完全没有关系的。

但是，某些任务需要处理序列的信息，即前面的输入和后面的输入是有关系的，此时就需要用到循环神经网络。

由于原始数据是不同模式下连续 36 个月的数据，因此这些数据之间可能具有一定的时序关联，可采用循环神经网络进行训练，并预测结果。

在导入数据时，每一批数据分别导入只有前一个月的数据、只有前两个月的数据、只有前三个月的数据……，直至该批次所有数据导入完成。

3.6.1 搭建循环神经网络

同孪生 Inception 网络类似，此处方法 3 也能同时输入 4 类数据，随后这些数据经过 4 个不同的 LSTM，得到的结果相接后输入最后的全连接层中进行回归预测。具体代码如下。

```
class Rnn(nn.Module):
    def __init__(self,in_dim,hidden_dim,out_dim):
        super(Rnn, self).__init__()
        self.hidden_dim = hidden_dim
        self.lstm1=nn.LSTM(in_dim,hidden_dim,batch_first=True)
        self.lstm2=nn.LSTM(in_dim,hidden_dim,batch_first=True)
        self.lstm3=nn.LSTM(in_dim,hidden_dim,batch_first=True)
        self.lstm4=nn.LSTM(in_dim,hidden_dim,batch_first=True)
        self.linear1=nn.Linear(hidden_dim,out_dim)
        self.linear2=nn.Linear(hidden_dim,out_dim)
        self.linear3=nn.Linear(hidden_dim,out_dim)
        self.linear4=nn.Linear(hidden_dim,out_dim)
        self.relu=nn.ReLU()
        self.linear=nn.Linear(4*out_dim,1)
    def forward(self,input1,input2,input3,input4):
        output1,_=self.lstm1(input1.flatten(start_dim=2))
        output1=output1.squeeze(1)
        output1=self.relu(self.linear1(output1))
        output2,_=self.lstm2(input2.flatten(start_dim=2))
        output2=output2.squeeze(1)
        output2=self.relu(self.linear2(output2))
        output3,_=self.lstm3(input3.flatten(start_dim=2))
        output3=output3.squeeze(1)
        output3=self.relu(self.linear3(output3))
        output4,_=self.lstm4(input4.flatten(start_dim=2))
        output4=output4.squeeze(1)
        output4=self.relu(self.linear4(output4))
        out=torch.cat([output1,output2,output3,output4],1)
        out=self.linear(out)
        return out
```

3.6.2 训练过程

设置损失函数后导入训练函数，代码如下。

```
losses=[]
epo=[]
maxloss=0
criterion = nn.MSELoss(reduction='mean')
optimizer = optim.SGD(model.parameters(), lr=lr, momentum=momentum)
model=model.to(device)
for epoch in range(epoches):
    epo.append(epoch)
    train_loss=0
    model.train()
    for i in range(len(dataset)):
```

```
        for img1,img2,img3,img4,label in dataset[i]:
            img1=img1.to(device).to(torch.float32)
            img2=img2.to(device).to(torch.float32)
            img3=img3.to(device).to(torch.float32)
            img4=img4.to(device).to(torch.float32)
            label=label.to(device).to(torch.float32)
            out=model(img1,img2,img3,img4)
            loss=criterion(out,label)
            optimizer.zero_grad()
            loss.backward()
            optimizer.step()
            train_loss+=loss.item()
        losses.append(train_loss/(len(dataset)))
        if losses[-1]>maxloss:
            maxloss=losses[-1]
        print('epoch:{},Train Loss:{:.4f}'.format(epoch,losses[-1]))
```

训练过程如下。

```
train.method3(model=lstm_model,dataset=dataloader,epoches=20)
```

得到的结果如图 3.10 所示。

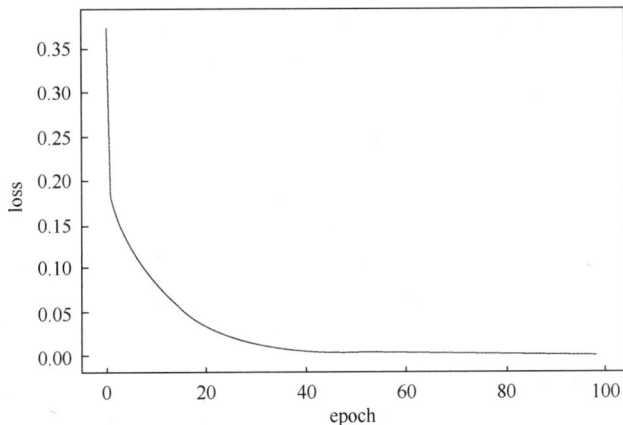

图 3.10　RNN 训练结果

与方法 2 的训练结果进行对比，如图 3.11 所示。

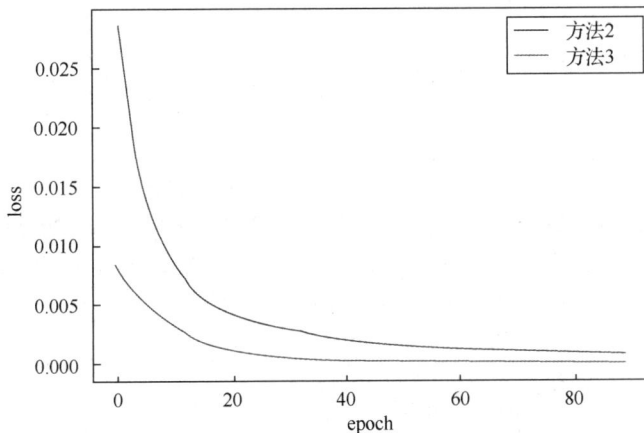

图 3.11　孪生 Inception 网络和 RNN 训练结果对比

相较于方法 2，方法 3 在最初阶段的收敛速度明显更快，最终的损失误差也更小。从方法 2

和方法 3 的结果对比来看，利用循环神经网络进行气象预测的效果似乎比孪生卷积神经网络的效果更好。

3.7 结合循环神经网络与卷积神经网络进行预测

在循环神经网络中，虽然利用了同一批次数据具有一定的时序规律这一特点，但是在输入数据时只是简单地将 24 像素×72 像素的数据进行展平后传入，反而丢失了一些重要的位置信息。

卷积神经网络能够学习到不同区域的特征，而循环神经网络适用于具有时序特点的数据，那么是否可以将两者的优势结合起来，同时运用到分布特征以及时序特征呢？方法 4 就结合了之前使用的循环神经网络以及卷积神经网络，先将 24 像素×72 像素的数据进行卷积处理，再传入循环神经网络，最终拟合 Nino 指数。

卷积层使用方法 1 和方法 2 中使用的 Inception 网络，在经过 Inception 网络的初步处理后，将得到的数据展平并传入 LSTM，随后根据其时序特征进行学习，从而预测最后的结果。

网络依然参考了孪生卷积神经网络的思想，同时构建了 4 种不同的 Inception 网络和 4 种不同的 LSTM，Inception 网络和 LSTM 一一对应，经过 Inception 网络和 LSTM 后将得到的结果直接相连，随后再经过一层的全连接层，得到最终的输出。

3.7.1 搭建 Inception-LSTM 网络

同样设置损失函数后导入训练函数，相应的代码如下。

```python
class Inception_Module(nn.Module):
    def __init__(self,input_channel,output_channel,output_size):
        super(Inception_Module, self).__init__()
        self.branch1_1=nn.Conv2d(input_channel,output_channel,kernel_size=1,stride=1,padding=0)
        self.branch1_2=nn.BatchNorm2d(output_channel)
        self.branch1_3=nn.Sigmoid()
        self.branch2_1=nn.Conv2d(input_channel,output_channel//2,kernel_size=1,stride=1,
padding=0)
        self.branch2_2=nn.Conv2d(output_channel//2,output_channel,kernel_size=3,stride=1,
padding=1)
        self.branch2_3=nn.BatchNorm2d(output_channel)
        self.branch2_4=nn.Sigmoid()
        self.branch3_1=nn.Conv2d(input_channel,output_channel//2,kernel_size=3,stride=1,
padding=1)
        self.branch3_2=nn.Conv2d(output_channel//2,output_channel,kernel_size=3,stride=1,
padding=1)
        self.branch3_3=nn.BatchNorm2d(output_channel)
        self.branch3_4=nn.Sigmoid()
        self.pool1=nn.MaxPool2d(kernel_size=2,stride=2)
        self.pool2=nn.MaxPool2d(kernel_size=4,stride=4)
        self.linear=nn.Sequential(nn.Linear(217728,output_size),nn.BatchNorm1d(output_size),
nn.Sigmoid())
    def forward(self,x):
        b1_1=self.branch1_1(x)
        b1_2=self.branch1_2(b1_1)
        b1_3=self.branch1_3(b1_2)
        b2_1=self.branch2_1(x)
        b2_2=self.branch2_2(b2_1)
        b2_3=self.branch2_3(b2_2)
        b2_4=self.branch2_4(b2_3)
        b3_1=self.branch3_1(x)
        b3_2=self.branch3_2(b3_1)
```

```
        b3_3=self.branch3_3(b3_2)
        b3_4=self.branch3_4(b3_3)
        outputs = [b1_3,b2_4,b3_4]
        concat=torch.cat(outputs,1)
        pool1=self.pool1(concat)
        pool2=self.pool2(concat)
        flatten0=concat.flatten(start_dim=1)
        flatten1=pool1.flatten(start_dim=1)
        flatten2=pool2.flatten(start_dim=1)
        flatten=torch.cat([flatten0,flatten1,flatten2],1)
        linear=self.linear(flatten)
        return linear
```

搭建 Inception-LSTM 网络。

```
class Inception_LSTM(nn.Module):
    def __init__(self):
        super(Inception_LSTM, self).__init__()
        self.inception1=Inception_Module(1,32,512)
        self.inception2=Inception_Module(1,32,512)
        self.inception3=Inception_Module(1,32,512)
        self.inception4=Inception_Module(1,32,512)
        self.lstm1=nn.LSTM(512,128,batch_first=True)
        self.lstm2=nn.LSTM(512,128,batch_first=True)
        self.lstm3=nn.LSTM(512,128,batch_first=True)
        self.lstm4=nn.LSTM(512,128,batch_first=True)
        self.linear1=nn.Linear(128,32)
        self.linear2=nn.Linear(128,32)
        self.linear3=nn.Linear(128,32)
        self.linear4=nn.Linear(128,32)
        self.relu=nn.ReLU()
        self.linear=nn.Linear(128,1)
    def forward(self,input1,input2,input3,input4):
        input1=self.inception1(input1).unsqueeze(1)
        input2=self.inception2(input2).unsqueeze(1)
        input3=self.inception3(input3).unsqueeze(1)
        input4=self.inception4(input4).unsqueeze(1)
        output1,_=self.lstm1(input1)
        output1=output1.squeeze(1)
        output1=self.relu(self.linear1(output1))
        output2,_=self.lstm2(input2)
        output2=output2.squeeze(1)
        output2=self.relu(self.linear2(output2))
        output3,_=self.lstm3(input3)
        output3=output3.squeeze(1)
        output3=self.relu(self.linear3(output3))
        output4,_=self.lstm4(input4)
        output4=output4.squeeze(1)
        output4=self.relu(self.linear4(output4))
        out=torch.cat([output1,output2,output3,output4],1)
        out=self.linear(out)
        return out
```

经过两个不同的网络后，既提取到了原始数据的分布特征，又提取到了时序特征，气象数据能用的部分全部利用到了。

3.7.2　训练过程

导入训练函数。

```
losses=[]
epo=[]
```

```
maxloss=0
criterion = nn.MSELoss(reduction='mean')
optimizer = optim.SGD(model.parameters(), lr=lr, momentum=momentum)
model=model.to(device)
for epoch in range(epoches):
    epo.append(epoch)
    train_loss=0
    model.train()
    for i in range(len(dataset)):
        for img1,img2,img3,img4,label in dataset[i]:
            img1=img1.to(device).to(torch.float32)
            img2=img2.to(device).to(torch.float32)
            img3=img3.to(device).to(torch.float32)
            img4=img4.to(device).to(torch.float32)
            label=label.to(device).to(torch.float32)
            out=model(img1,img2,img3,img4)
            loss=criterion(out,label)
            optimizer.zero_grad()
            loss.backward()
            optimizer.step()
            train_loss+=loss.item()
    losses.append(train_loss/(len(dataset)))
    if losses[-1]>maxloss:
        maxloss=losses[-1]
    print('epoch:{},Train Loss:{:.4f}'.format(epoch,losses[-1]))
```

进行训练，得到的结果如图 3.12 所示。

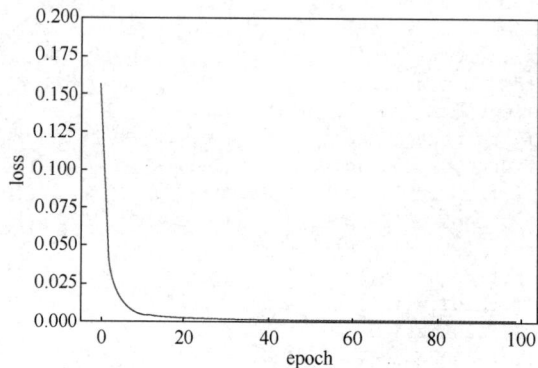

图 3.12　Inception-LSTM 网络训练结果

与方法 2、方法 3 的训练结果进行对比，如图 3.13 所示。

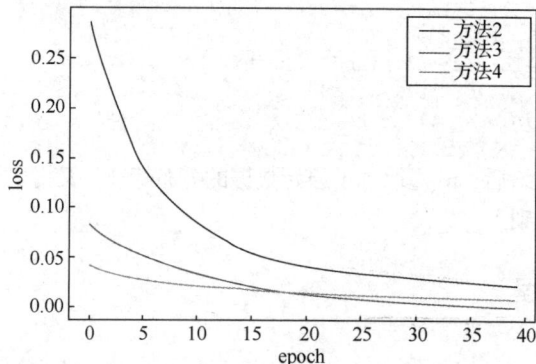

图 3.13　多种网络训练结果对比

　　可以看出，方法 4 同方法 3 一样，准确率要高于方法 2，方法 4 与方法 3 的区别在于方法 4 前期的收敛速度更快。

思考题

　　（1）阐述使用卷积神经网络处理时序数据的优缺点。

　　（2）画出本案例孪生卷积神经网络的结构图，阐述其工作原理。

　　（3）分析孪生卷积神经网络比卷积神经网络性能更高的原因。

　　（4）阐述使用循环神经网络处理时序数据的优缺点。

　　（5）阐述卷积神经网络和循环神经网络的结合方法。

第 4 章
食物咀嚼声音分类

【本章导读】

    本章将深入剖析音频的各类特征并提取关键信息，选取一系列音频特征，包括底层特征、梅尔频率倒谱系数（Mel Frequency Cepstral Coefficient，MFCC）特征以及心理声学特征等，作为卷积神经网络的输入数据。VGG 算法是图像识别领域的常用算法，将 MFCC 特征与 VGG 算法相结合能够显著提高音频分类的准确性。

AI 已经进入了与声音相关的专业领域，可以生成新的音乐形式（取得了不同程度的成功）、从视频中识别特定乐器，甚至能分析特定音乐元素的相关情感。

尽管 LSTM 通常与基于音频的深度学习项目相关联，但声音识别也可以用卷积神经网络来完成。声音可以转化为频谱图形，描绘频率（Hz）和强度/响度（dB）随时间的变化。如果一组声音是单独不同的，它们的频谱图将有足够的特征，从而可以使用卷积神经网络进行区分。使用 VGG 算法可以对食物咀嚼声音进行分类。

4.1　数据预处理

数据集来自阿里云天池平台的 Eating Sound Collection，数据集包含 20 种不同的食物咀嚼声音，给这些声音数据建模，准确分类。数据集的文件格式是 WAV。

librosa 是一个非常强大的处理 Python 语音信号的第三方库，提供一些常见的音频处理、特征提取、声音图形绘制等功能。本案例中用它来提取音频的底层特征、MFCC 特征等。

与音频质量有关的特征有音频底层特征（如频谱均方根）、MFCC 特征、心理声学特征等。将提取的特征储存成图片格式，然后将特征应用到模型中进行验证，选取最佳的特征。

4.1.1　音频加载

利用 librosa 库进行音频特征提取。首先需要用 librosa 库来加载音频。注意 librosa.display 并不默认包含于 librosa 库，因此导入时需要分开导入。librosa.display 中常用的方法为频谱显示方法 specshow()，该方法能获取频谱特征图。

特征图的保存需要借助 matplotlib 库，因此也需要导入该库。

```
import librosa
import librosa.display
import matplotlib.pyplot as plt
path = './wavfiles/aloe/0292FK9G93.wav'
y, sr = librosa.load(path)
```

4.1.2　对底层特征的提取

利用 librosa 库对音频底层特征进行提取。提取频谱均方根的方法为 librosa.feature.rms()，提取频谱质心的方法为 librosa.feature.spectral_centroid()，提取过零率的方法为 librosa.feature.zero_crossing_rate()，提取频谱带宽的方法为 librosa.feature.spectral_bandwidth()。提取特征后，利用 librosa.display.specshow()方法进行频谱特征图的可视化，利用 matplotlib 库的 savefig()方法保存特征图。

```
#提取频谱均方根
rms = librosa.feature.rms(y=y)
#可视化频谱均方根
librosa.display.specshow(rms)
```

得到的结果如图 4.1 所示。

图 4.1　频谱均方根

提取频谱质心、过零率和频谱带宽等特征的代码如下。

```
#提取频谱质心
cent = librosa.feature.spectral_centroid(y=y)
librosa.display.specshow(cent)
#提取过零率
cent = librosa.feature.zero_crossing_rate(y=y)
librosa.display.specshow(zero)
#提取频谱带宽
width = librosa.feature.spectral_bandwidth(y=y,sr=sr)
librosa.display.specshow(width)
```

4.1.3　MFCC 和梅尔频谱特征提取

MFCC 是基于人类的听觉感知设计的。人耳对音频的低频部分比较敏感，MFCC 的核心思想是通过滤波器组的方式模拟人耳对不同频率音频的感知，将梅尔频谱从线性分布转换为非线性分布。下面利用 librosa 库自带的方法对 MFCC 和梅尔频谱特征进行提取。

```
#提取MFCC特征
mfcc = librosa.feature.mfcc(y=y,sr=sr)
#可视化MFCC特征
librosa.display.specshow(mfcc)model = Sequential()
#提取梅尔频谱特征
mel = librosa.feature.melspectrogram(y=y,sr=sr)
#可视化梅尔频谱特征
librosa.display.specshow(mel)
```

4.1.4　心理声学特征 tonnetz 和 chroma 提取

心理声学特征主要描绘的是人的主观感受。由于人耳的听觉特性和机制的原理（特别是掩蔽、非线性、双耳效应等）并未被完全提示，因此目前借鉴的是常用的声学模型特征，主要从音调、音色的角度进行特征提取，这里提取的心理声学特征为色调质心特征 tonnetz 和音频色度特征 chroma。

```
#提取色调质心特征
ton = librosa.feature.tonnetz(y=y,sr=sr)
librosa.display.specshow(ton)
#提取音频色度特征
chroma = librosa.feature.chroma_cqt(y=y,sr=sr)
librosa.display.specshow(chroma)
```

提取流程扩展到多个样本，可以得到全部音频数据的特征图。

```
import gc
import os
import numpy as np
import glob
from tqdm import tqdm
parent_dir = './wavfiles/'
sub_dirs = ['aloe','burger','cabbage','candied_fruits',
'carrots','chips','chocolate','drinks','fries',
'grapes','gummies','ice-cream','jelly','noodles','pickles',
                'pizza','ribs','salmon','soup','wings']
```

下面是所有音频数据的特征图提取代码（以频谱均方根这个特征为例）。

```
for sub_dir in sub_dirs:
    path = os.path.join(parent_dir, sub_dir)+'/'
    for fn in tqdm(os.listdir(path)[:100]): # 遍历数据集的所有文件
```

```
        if not os.path.exists('./feature/rms/'+sub_dir+'/'):
            os.mkdir('./feature/rms/'+sub_dir+'/')
        y,sr = librosa.load(path+fn,res_type='kaiser_fast')
        rms = librosa.feature.rms(y=y)
         # 可视化频谱均方根
        librosa.display.specshow(rms)
        # 保存特征图
        plt.savefig('./feature/rms/'+sub_dir+'/' + fn+'.png')
        gc.collect()
```

提取的特征可以按照上述 8 种不同的特征建立一级分类，然后在每个特征的类别里建立 20 种分类，分别存储对应的特征图。

4.2　VGG 模型训练

为了比较相同模型下不同音频特征的区分度和不同模型对音频特征区分度的影响，将这 8 种特征图分别输入 VGG 模型中，分析哪种特征和模型的组合能更好地作用于音频分类。

导入模型训练和测试过程需要的库，实验需要安装的环境主要有 librosa、keras、numpy、tensorflow、sklearn、PIL、tqdm 等。

利用提取到的特征图对每种特征设立相应的训练集。

```
TRAIN_RMS_DIR = './feature/rms/'
TRAIN_CENT_DIR = './feature/cent/'
TRAIN_ZERO_DIR = './feature/zero/'
TRAIN_WIDTH_DIR = './feature/width/'
TRAIN_MFCC_DIR = './feature/mfcc/'
TRAIN_MEL_DIR = './feature/mel/'
TRAIN_TON_DIR = './feature/ton/'
TRAIN_CHROMA_DIR = './feature/chroma/'
```

设置输入样本的尺寸。

```
IMG_HEIGHT = 240
IMG_WIDTH = 400
```

利用 ImageDataGenerator()读取文件夹中的数据集，并将输入图像统一除以 255，进行像素归一化。对训练集进行切分，20%用作测试集，80%用作训练集。

ImageDataGenerator()是 keras.preprocessing.image 模块中的图片生成器，同时也可以在 batch 中对数据进行增强，扩充数据集大小，增强模型的泛化能力，例如进行旋转、变形、归一化等。

ImageDataGenerator()参数示例如下。

```
keras.preprocessing.image.ImageDataGenerator(
featurewise_center=False, #输入值是否按照均值为 0 进行处理
samplewise_center=False, #每个样本的均值是否按 0 处理
featurewise_std_normalization=False, #输入值是否按照标准正态化处理
samplewise_std_normalization=False, #每个样本是否按照标准正态化处理
zca_whitening=False, # 是否开启 ZCA 白化
zca_epsilon=1e-06, #控制 ZCA 白化的 epsilon 值
rotation_range=0, #图像随机旋转一定角度，最大旋转角度为设定值
width_shift_range=0.0, #图像随机水平平移，最大平移值为设定值。若值为小于 1 的浮点数，则认为是按比例平移，若值大于 1，则平移的是像素；若值为整数，平移的也是像素；假设像素为 2.0，则移动范围为[-1,1]
height_shift_range=0.0, #图像随机垂直平移，同上
brightness_range=None, # 图像随机增强亮度，给定一个含两个浮点数的列表，亮度值取自这两个浮点数之间
```

```
shear_range=0.0, # 图像随机修剪
zoom_range=0.0, # 图像随机变焦
channel_shift_range=0.0,
fill_mode='nearest', #填充模式，默认为"最近邻"原则，如一个图像向右平移，那么最左侧部分会被邻近
的图案覆盖
cval=0.0, #当fill_mode为constant时使用的填充值
horizontal_flip=False, #图像随机水平翻转
vertical_flip=False, #图像随机垂直翻转
rescale=None, #缩放尺寸
preprocessing_function=None, #应用于每个输入的函数，会在任何其他随机变换之后应用
data_format=None,#图像数据格式，决定了图像的维度顺序
validation_split=0.0, #值为浮点数，用于从数据中划分一部分作为测试集
dtype=None) #控制生成的图像数据的数据类型
```

VGG 网络的分类数设置为 20，批量大小设置为 8，设置 20 个训练轮次。

```
num_classes = 20
BATCH_SIZE = 8
epochs = 20
model_dir = 'model/'
```

这里的 VGG 模型由 13 层卷积层和 3 层全连接层组成。Conv2D 卷积层的 padding 为 same，即给图像矩阵四周都加上 0。卷积核大小为 3×3，个数为 64，一个卷积核扫完图像矩阵数据后，生成一个新的矩阵。使用 BN 层，加快模型的训练过程并防止模型训练过拟合。卷积后使用 ReLU 激活函数。使用最大池化，池化的小矩阵大小是 2×2，默认也是 2×2 的步长。经过池化后，矩阵的长、宽都减小一半。做了 13 层卷积和相应的池化操作后，使用 Flatten() 将数据变成一维向量。最后做 3 层全连接层，前两个全连接层的神经元个数为 4096。

```
#构建VGG 模型
def build_VGG_model(num_classes):
    # 控制正则化时权重衰减的速度
    weight_decay = 0.0005
    nb_epoch = 100
    batch_size = 32
    # layer1
    model = Sequential()
    model.add(Conv2D(64, (3, 3), padding='same',input_shape=(240, 400, 3),
kernel_regularizer=regularizers.l2(weight_decay)))
    model.add(Activation('relu'))
    # 进行一次归一化
    model.add(BatchNormalization())
    model.add(Dropout(0.3))
    # layer2
    model.add(Conv2D(64, (3, 3), padding='same', kernel_regularizer=regularizers.l2
(weight_decay)))
    model.add(Activation('relu'))
    model.add(BatchNormalization())
    # model.add(MaxPooling2D(pool_size=(2, 2)))
    model.add(MaxPooling2D(pool_size=(2, 2), strides=(2, 2), padding='same'))
    # layer3
    model.add(Conv2D(128, (3, 3), padding='same', kernel_regularizer=regularizers.l2
(weight_decay)))
    model.add(Activation('relu'))
    model.add(BatchNormalization())
    model.add(Dropout(0.4))
    # layer4
    model.add(Conv2D(128, (3, 3), padding='same', kernel_regularizer=regularizers.l2
```

```
(weight_decay)))
        model.add(Activation('relu'))
        model.add(BatchNormalization())
        model.add(MaxPooling2D(pool_size=(2, 2)))
        # layer5
        model.add(Conv2D(256, (3, 3), padding='same', kernel_regularizer=regularizers.l2
(weight_decay)))
        model.add(Activation('relu'))
        model.add(BatchNormalization())
        model.add(Dropout(0.4))
        # layer6
        model.add(Conv2D(256, (3, 3), padding='same', kernel_regularizer=regularizers.l2
(weight_decay)))
        model.add(Activation('relu'))
        model.add(BatchNormalization())
        model.add(Dropout(0.4))
        # layer7
        model.add(Conv2D(256, (3, 3), padding='same', kernel_regularizer=regularizers.l2
(weight_decay)))
        model.add(Activation('relu'))
        model.add(BatchNormalization())
        model.add(MaxPooling2D(pool_size=(2, 2)))
        # layer8
        model.add(Conv2D(512, (3, 3), padding='same', kernel_regularizer=regularizers.l2
(weight_decay)))
        model.add(Activation('relu'))
        model.add(BatchNormalization())
        model.add(Dropout(0.4))
        # layer9
        model.add(Conv2D(512, (3, 3), padding='same', kernel_regularizer=regularizers.l2
(weight_decay)))
        model.add(Activation('relu'))
        model.add(BatchNormalization())
        model.add(Dropout(0.4))
        # layer10
        model.add(Conv2D(512, (3, 3), padding='same', kernel_regularizer=regularizers.l2
(weight_decay)))
        model.add(Activation('relu'))
        model.add(BatchNormalization())
        model.add(MaxPooling2D(pool_size=(2, 2)))
        # layer11
        model.add(Conv2D(512, (3, 3), padding='same', kernel_regularizer=regularizers.l2
(weight_decay)))
        model.add(Activation('relu'))
        model.add(BatchNormalization())
        model.add(Dropout(0.4))
        # layer12
        model.add(Conv2D(512, (3, 3), padding='same', kernel_regularizer=regularizers.l2
(weight_decay)))
        model.add(Activation('relu'))
        model.add(BatchNormalization())
        model.add(Dropout(0.4))
        # layer13
        model.add(Conv2D(512, (3, 3), padding='same', kernel_regularizer=regularizers.l2
(weight_decay)))
        model.add(Activation('relu'))
        model.add(BatchNormalization())
        model.add(MaxPooling2D(pool_size=(2, 2)))
        model.add(Dropout(0.5))
```

```
# layer14
model.add(Flatten())
model.add(Dense(512, kernel_regularizer=regularizers.l2(weight_decay)))
model.add(Activation('relu'))
model.add(BatchNormalization())
# layer15
model.add(Dense(512, kernel_regularizer=regularizers.l2(weight_decay)))
model.add(Activation('relu'))
model.add(BatchNormalization())
# layer16
model.add(Dropout(0.5))
model.add(Dense(num_classes))
model.add(Activation('softmax'))
# 10
return model
```

构建模型，并对其进行编译。

```
vgg = build_VGG_model(num_classes)
# 输出模型结构
vgg.summary()
# 将 Adam 作为优化器，多分类交叉熵损失函数作为损失函数，指标选择 accuracy
vgg.compile(optimizer='adam', loss='categorical_crossentropy', metrics=['accuracy'])
```

生成训练样本并进行训练。

```
# 训练集和测试集共用一个数据集
image_generator = ImageDataGenerator(rescale=1/255, validation_split=0.2)
# 训练集
train_dataset = image_generator.flow_from_directory(batch_size=2, directory=
TRAIN_MEL_DIR, shuffle=True, target_size=(IMG_HEIGHT, IMG_WIDTH),
 subset="training", class_mode='categorical')
# 测试集
validation_dataset = image_generator.flow_from_directory(batch_size=2, directory=
TRAIN_MEL_DIR, shuffle=True, target_size=(IMG_HEIGHT, IMG_WIDTH),subset="validation",
class_mode='categorical')
```

VGG 模型的训练过程如图 4.2 所示。

```
Found 1600 images belonging to 20 classes.
Found 400 images belonging to 20 classes.
Epoch 1/10
50/50 [==============================] - 78s 2s/step - loss: 7.3825 - acc: 0.0200 - val_loss: 17.3954 - val_acc: 0.
0000e+00
Epoch 2/10
50/50 [==============================] - 73s 1s/step - loss: 7.6375 - acc: 0.0500 - val_loss: 15.8799 - val_acc: 0.
0500
Epoch 3/10
50/50 [==============================] - 73s 1s/step - loss: 7.8243 - acc: 0.0400 - val_loss: 18.0557 - val_acc: 0.
1000
Epoch 4/10
50/50 [==============================] - 72s 1s/step - loss: 8.1584 - acc: 0.0200 - val_loss: 19.0995 - val_acc: 0.
0500
Epoch 5/10
50/50 [==============================] - 72s 1s/step - loss: 8.2445 - acc: 0.0500 - val_loss: 20.1265 - val_acc: 0.
0000e+00
Epoch 6/10
50/50 [==============================] - 71s 1s/step - loss: 8.4497 - acc: 0.0400 - val_loss: 20.3369 - val_acc: 0.
0000e+00
Epoch 7/10
50/50 [==============================] - 72s 1s/step - loss: 8.3475 - acc: 0.0800 - val_loss: 18.5216 - val_acc: 0.
1000
Epoch 00007: early stopping
```

图 4.2　VGG 模型的训练过程

可以看到，将短音频特征转换成视觉形式的图像然后进行传统的图像分类任务取得的效果不理想，因此直接将音频信号转换成离散化的向量进行改造和实验。

4.3 VGG 模型的改进

下面对 VGG 模型的输入进行改进，以更好地处理音频信号。

4.3.1 数据集的清理

预览信号包络，利用阈值删除低量级数据，并创建一个干净的目录，保存按增量时间拆分的单声道音频。

```python
def split_wavs(args):
    src_root = args.src_root
    dst_root = args.dst_root
    dt = args.delta_time
    wav_paths = glob('{}/**'.format(src_root), recursive=True)
    wav_paths = [x for x in wav_paths if '.wav' in x]
    dirs = os.listdir(src_root)
    check_dir(dst_root)
    classes = os.listdir(src_root)
    for _cls in classes:
        target_dir = os.path.join(dst_root, _cls)
        check_dir(target_dir)
        src_dir = os.path.join(src_root, _cls)
        for fn in tqdm(os.listdir(src_dir)):
            src_fn = os.path.join(src_dir, fn)
            rate, wav = downsample_mono(src_fn, args.sr)
            mask, y_mean = envelope(wav, rate, threshold=args.threshold)
            wav = wav[mask]
            delta_sample = int(dt*rate)
            # 处理后的声音少于 1 个样本
            # 样本用 0 填充
            if wav.shape[0] < delta_sample:
                sample = np.zeros(shape=(delta_sample,), dtype=np.int16)
                sample[:wav.shape[0]] = wav
                save_sample(sample, rate, target_dir, fn, 0)
            # 遍历音频，存在 delta_sample
            # 删除太短的音频
            else:
                trunc = wav.shape[0] % delta_sample
                for cnt, i in enumerate(np.arange(0, wav.shape[0]-trunc, delta_sample)):
                    start = int(i)
                    stop = int(i + delta_sample)
                    sample = wav[start:stop]
                    save_sample(sample, rate, target_dir, fn, cnt)
```

4.3.2 清理数据集的构建

频谱图可以将音频信号的频率可视化，而不是只可视化波形中的振幅。梅尔频谱图基于人耳对声音频率的非线性感知特性，将音频信号转换为一系列梅尔频率尺度上的频谱幅值，来模仿人类对声音的感知。生成频谱图的音频长度越长，图像上的信息就越多，但模型也会过度拟合。如果数据有很多噪声，那么 5 秒的音频就有可能无法捕捉到所需的信息。

提取音频特征的方法如下。

```python
def extract_features(parent_dir, sub_dirs, max_file=10, file_ext="*.wav"):
    c = 0
    label, feature = [], []
```

```
        for sub_dir in sub_dirs:
            for fn in tqdm(glob.glob(os.path.join(parent_dir, sub_dir, file_ext))
[:max_file]): # 遍历数据集的所有文件
                label_name = fn.split('/')[-2]
                label.extend([label_dict[label_name]])
                X, sample_rate = librosa.load(fn,res_type='kaiser_fast')
                mels = np.mean(librosa.feature.melspectrogram(y=X,sr=sample_rate).T,
axis=0) # 计算梅尔频谱(melspectrogram),并把它作为特征
                feature.extend([mels])
        return [feature, label]
    temp = np.array(temp)
    data = temp.transpose()
    # 获取特征
    X_N = np.vstack(data[:, 0])
    # 获取标签
    Y_N = np.array(data[:, 1])
    print('X 的特征尺寸是: ',X_N.shape)
    print('Y 的特征尺寸是: ',Y_N.shape)
    Y_N = to_categorical(Y_N)
```

优化 VGG 模型的训练过程如图 4.3 所示。

```
Epoch 53/200
429/429 [==============================] - 5s 13ms/step - loss: 0.1476 - accuracy: 0.9543 - val_loss: 6.1533 - va
l_accuracy: 0.1531
Epoch 54/200
429/429 [==============================] - 5s 13ms/step - loss: 0.1767 - accuracy: 0.9442 - val_loss: 6.0403 - va
l_accuracy: 0.1570
Epoch 55/200
429/429 [==============================] - 5s 12ms/step - loss: 0.2121 - accuracy: 0.9310 - val_loss: 5.9846 - va
l_accuracy: 0.1518
Epoch 56/200
429/429 [==============================] - 5s 13ms/step - loss: 0.1734 - accuracy: 0.9445 - val_loss: 6.1841 - va
l_accuracy: 0.1465
Epoch 57/200
429/429 [==============================] - 5s 12ms/step - loss: 0.1554 - accuracy: 0.9518 - val_loss: 6.1138 - va
l_accuracy: 0.1550
```

图 4.3　优化 VGG 模型的训练过程

可以看到经过清理后,测试集的准确率和损失变得更好了。

本实验完成了音频数据的预处理工作,分析了音频的特征并进行了有效的特征提取,进一步将这些特征(底层特征、MFCC 特征以及心理声学特征等)作为 VGG 模型的输入。通过不断地训练和优化,最终确定了梅尔频谱特征在分类任务中具有出色的表现,并对此进行了验证。

从头开始开发深度学习分类模型需要大量的时间和资源,而使用预训练模型并进行迁移学习可以大大提高开发效率。预训练模型是在大量数据集上进行训练的模型,可以用于各种不同的深度学习任务,例如图像分类、目标检测、自然语言处理等。使用预训练模型可以节省从头开始训练模型所需的时间和资源,并且可以在新的数据集上进行微调,以适应不同的任务和应用场景。

ModelScope 等低代码开发平台可以帮助开发人员快速选择和使用预训练模型,并在此基础上进行微调和优化。这些平台通常提供了预训练模型库、训练环境和预处理工具,开发人员可以快速构建和训练深度学习模型。此外,这些平台还可以集成深度学习加速器,以提高模型的推理速度和效率。

对于边缘计算场景,深度学习模型的推理速度和效率是至关重要的。为了提高模型的推理速度,可以使用深度学习加速器,例如英特尔公司的 OpenVINO 加速器、算能公司的加速器。这些加速器可以优化模型的计算能力和存储能力,提高推理速度和效率。同时,它们还支持硬

件加速，以进一步提高模型的推理速度和效率。

　　后续案例将详细介绍 ModelScope 和 OpenVINO 加速器的用法。

思考题

　　（1）音频数据有哪些常用的预处理方法？

　　（2）用于音频分类的特征有哪些？

　　（3）分析音频分类的原理。

　　（4）阐述在音频分类任务中 VGG 模型的优缺点。

　　（5）阐述在音频分类任务中 VGG 模型的优化方法。

第 5 章

智能厨房

【本章导读】

本章使用 YOLOv5 目标检测算法设计一个智能检测系统，检测厨房中的老鼠、蟑螂、狗或猫，提升厨房的管理水平。由于预训练的 YOLOv5 模型不能识别老鼠、蟑螂等目标，因此需要采集、标注这些样本，然后使用迁移学习微调 YOLOv5 模型，使其能识别老鼠和蟑螂。尽管 YOLOv5 模型可以识别狗和猫等动物，但为了减轻上述迁移学习带来的记忆遗忘问题，在 YOLOv5 的精调过程中也加入一些狗和猫的样本。此外，本章还使用了 OpenVINO 加速器对精调的 YOLOv5 模型进行格式转换，使之方便在移动端快速推理。

近年来，随着社会生活水平的持续提高，人们对家居智能化的追求愈发迫切。如今，智能音箱、智能电视、智能电灯等智能家居产品层出不穷，这些智能家居产品逐渐融入卧室和客厅，为居住者提供了便捷、舒适的生活体验。尽管家居智能化已经取得了显著的进展，但在厨房这一重要的家庭生活场所仍显不足。为了更全面地满足人们对便捷、安全的需求，本案例将智能化检测引入厨房，为烹饪环境的管理提供更为智能的支持。

厨房作为储存食品和烹饪的区域，容易吸引老鼠、蟑螂等有害生物。这些生物不仅可能对食品安全构成潜在威胁，还可能引发卫生问题。此外，由于许多人喜欢养狗和猫等宠物，宠物也成为厨房的常客，但其行为可能导致厨房设施受损或食物被损毁。

为了解决这些问题，本案例通过在厨房设置摄像头，并对 YOLOv5 模型进行微调，实现对老鼠、蟑螂等有害生物以及宠物的检测。一旦检测到潜在问题，系统将及时通知用户，并在计算机上显示相关信息，以便用户迅速采取措施。

5.1　数据采集与预处理

本案例的数据集主要来自谷歌搜索。鉴于本案例旨在识别厨房中的老鼠、蟑螂、狗和猫这4 种对象，收集了每种对象各 10 张共计 40 张图像用于模型的训练和测试。为了提升后续训练模型的泛化能力，在选择这些动物的图像时，特意挑选了不同颜色、种类和姿势的样本，使YOLOv5 模型更全面地掌握各类动物的特征，从而提高目标检测的准确性。

在本案例中，将训练集和测试集按照 7∶3 的比例进行划分，并创建名为 images 的文件夹，其中包含名为 train 和 val 的子文件夹。从每种动物的图像中挑选 7 张图像（总计 28 张）放入 train文件夹中用于训练，将剩余的 12 张图像放入 val 文件夹中用于测试。图 5.1 与图 5.2 分别展示了训练集和测试集中的图像样本。

图 5.1　训练集中的图像样本

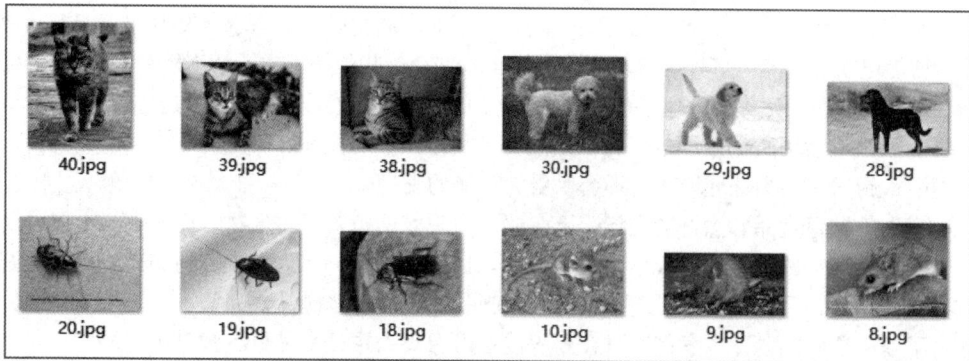

图 5.2 测试集中的图像样本

在实际应用中，获取数据充足且高质量的训练集常常是一项艰巨的任务，需要大量的时间和资源投入，还可能遇到各种复杂情况。数据增强作为一种低成本且高效的策略，能够有效地减少对大规模训练数据的依赖，从而更快速地构建出高精度的目标检测模型。以下是对训练集中的图像进行数据增强的代码示例。

```python
# 输入图像所在文件夹的路径
input_folder = r'. /VOCdevkit/images/train'
# 输出图像所在文件夹的路径
output_folder = r'./VOCdevkit/images/train_enhancement'
# 读取文件夹中的所有图像文件
image_files = [f for f in os.listdir(input_folder) if f.endswith('.jpg')]

for image_file in image_files:
    # 构建完整的输入图像路径
    input_image_path = os.path.join(input_folder, image_file)
    # 读取图像
    img = cv2.imread(input_image_path)
    # 随机选择一种数据增强操作（3选1）
    augmentation_type = np.random.choice(['rotate', 'flip', 'brightness'], 1)[0]
    # 旋转
    if augmentation_type == 'rotate':
        angle = np.random.uniform(-10, 10)
        rotation_matrix = cv2.getRotationMatrix2D((img.shape[1] // 2, img.shape[0] //
2), angle, 1)
        img = cv2.warpAffine(img, rotation_matrix, (img.shape[1], img.shape[0]))
    # 翻转
    elif augmentation_type == 'flip':
        flip_code = np.random.choice([-1, 0, 1], 1)[0]
        img = cv2.flip(img, flip_code)
    # 亮度调整
    elif augmentation_type == 'brightness':
        brightness_factor = np.random.uniform(0.5, 1.5)
        img = cv2.convertScaleAbs(img, alpha=brightness_factor, beta=0)
    # 构建完整的输出图像路径
    output_image_path = os.path.join(output_folder, f'augmented_{augmentation_type}_
{image_file}')
    # 保存增强后的图像
    cv2.imwrite(output_image_path, img)
```

从提供的代码中可以看出，实施了 3 种数据增强操作：旋转、翻转和亮度调整。每张图像都可以随机选择其中一种增强方式，这种策略不仅有效扩充了案例数据集（见图 5.3），还显著提高了模型的泛化能力。通过引入多样性，模型能够更好地完成不同情境下的目标检测任务，从而提高整体性能。

图 5.3　数据增强后 4 种对象的样本

每张图像都可以同时进行 3 种方式的数据增强，而且旋转角度、亮度调整参数都可以做不同的调整，这样模型的识别精度可以达到更高的水平，模型的泛化能力也可以得到提升。

此外，还需要建立一个 labels 文件夹，用于对案例数据集进行标注。本案例采用 labelImg 工具对动物图像进行标注，标注完成后得到每张图像的 XML 文件。

在使用 labelImg 工具前，需要建立两个文件夹和一个 TXT 文件。Originalimages 文件夹用来保存原始图像，Annotations 文件夹用于保存标注文件。由于智能厨房项目需要识别 4 种对象，在 TXT 文件中输入 4 种对象的英文名，便于之后标注。图 5.4 展示了 labelImg 工具中的标注方法，其中 Open Dir 用于选择数据集的路径，Change Save Dir 用于选择标注文件保存的路径。

图 5.4　使用 labelImg 工具对 1.jpg 的老鼠进行标记

标注完成后，Annotations 文件夹中是 40 个 XML 格式的标注文件，但由于本案例使用的
YOLOv5 目标检测算法需要 TXT 格式的标注文件（若使用其他格式的文件，在训练时会显示找
不到训练集），采用下方的算法将 XML 文件转换为 TXT 文件。

```python
def convert_bbox_to_yolo(image_size, bbox):
    x_center = (bbox[0] + bbox[1]) / 2.0
    y_center = (bbox[2] + bbox[3]) / 2.0
    x = x_center / image_size[0]
    y = y_center / image_size[1]
    width = (bbox[1] - bbox[0]) / image_size[0]
    height = (bbox[3] - bbox[2]) / image_size[1]
    return (x, y, width, height)
```

这段代码的作用是将边界框（Bounding Box）的坐标信息转换为 YOLOv5 目标检测算法所
用的 YOLO 格式。其中，x、y、width、height 是除以原图尺寸后得到的横坐标、纵坐标、宽度
和高度，这 4 个变量会归一化到[0,1]的范围内输出。

```python
def convert_voc_to_yolo(xml_dir, txt_dir, classes):
    xml_files = os.listdir(xml_dir)
    print(xml_files)
    for xml_filename in xml_files:
        print(xml_filename)
        xml_path = os.path.join(xml_dir, xml_filename)
        txt_path = os.path.join(txt_dir, xml_filename.split('.')[0] + '.txt')
        with open(txt_path, 'w') as txt_file:
            xml_tree = ET.parse(xml_path)
            xml_root = xml_tree.getroot()
            image_size = xml_root.find('size')
            image_width = int(image_size.find('width').text)
            image_height = int(image_size.find('height').text)
            for obj in xml_root.iter('object'):
                difficult = obj.find('difficult').text
                cls = obj.find('name').text
                if cls not in classes or int(difficult) == 1:
                    continue
                cls_id = classes.index(cls)
                xml_bbox = obj.find('bndbox')
                bbox = (
                    float(xml_bbox.find('xmin').text),
                    float(xml_bbox.find('xmax').text),
                    float(xml_bbox.find('ymin').text),
                    float(xml_bbox.find('ymax').text)
                )
                print(image_width, image_height, bbox)
                yolo_bbox = convert_bbox_to_yolo((image_width, image_height), bbox)
                txt_file.write(str(cls_id) + " " + " ".join([str(coord) for coord in
yolo_bbox]) + '\n')
```

这个函数的主要作用是遍历每个 XML 文件，提取其中的标注信息并转换为 YOLO 格式，然
后写入对应的 TXT 文件中。其中，xml_dir 是保存 VOC 格式的 XML 文件的路径；txt_dir 是保存
生成的 YOLO 格式的 TXT 文件的路径；classes 是一个包含数据集类别的列表。

```python
if __name__ == "__main__":
    class_list = ['mouse', 'cockroach', 'dog', 'cat']
    xml_directory = r'./VOC2007/Annotations'
    txt_directory = r'./VOC2007/txt_labels'
    convert_voc_to_yolo(xml_directory, txt_directory, class_list)
```

在主函数中定义一个类别列表 class_list，包含数据集中的目标类别。其中，xml_directory
是保存 VOC 格式的 XML 文件的路径，txt_directory 保存生成的 YOLO 格式的 TXT 文件的路径。

图 5.5 展示了 TXT 格式的标注文件，总共有 5 个数值，其中第一个数值代表动物类别，后面 4 个数值分别是中心点坐标 x 和 y 以及边界框的宽和高。

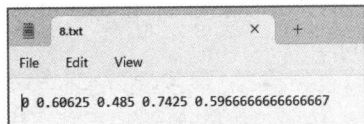

图 5.5　labelImg 标注后的 TXT 文件

转换完成后，如 images 文件夹一样，在 labels 文件夹中建立 train 和 val 文件夹，然后将转换得到的 TXT 文件按之前 7∶3 的比例分配到两个文件夹中。train 和 val 文件夹内的标注需要和 images 文件夹中的图像对应，并且文件名需要一致。

5.2　迁移学习准备

由于本案例是基于 YOLOv5 目标检测算法进行迁移学习的，因此首先进入 YOLOv5 的官网下载 YOLOv5 的预训练权重。为了加快模型的训练速度和识别速度，同时保持较高的检测准确率，本案例采用 YOLOv5s 算法，将 yolov5s.pt 文件下载并保存到本地，以便后续训练使用。图 5.6 是官网中 YOLOv5 各版本的信息，选择 YOLOv5s 进行下载。

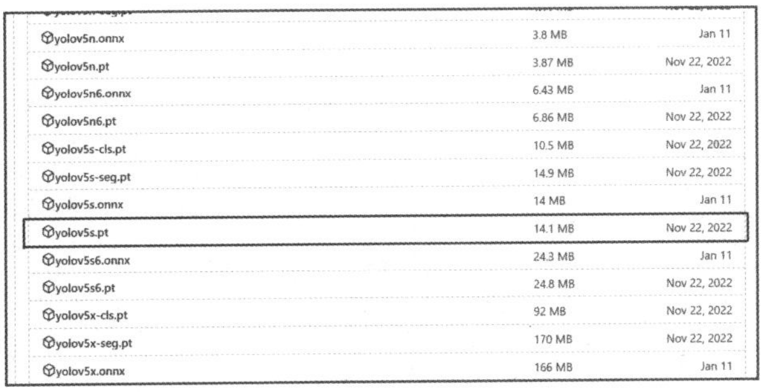

图 5.6　YOLOv5s 预训练权重的下载

下载 requirements.txt 文件。打开 Anaconda Prompt，定位到 YOLOv5 目录下，然后安装对应的环境。具体的 CMD 命令执行情况如图 5.7 所示。

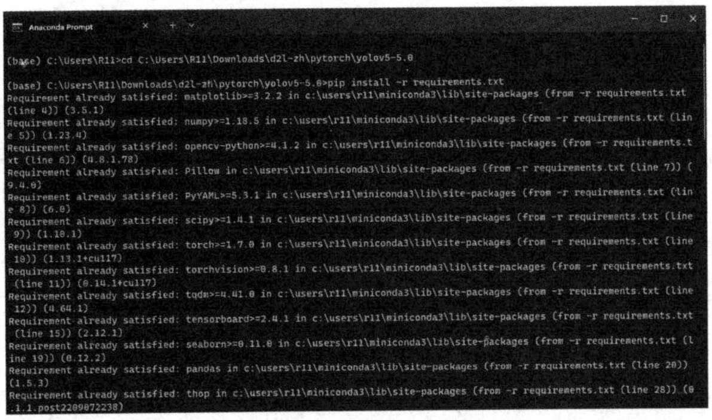

图 5.7　安装 YOLOv5 模型训练所需的环境的 CMD 命令执行情况

此时已经得到标记完成的数据集，下载了 YOLOv5 的预训练权重并安装了 YOLOv5 模型训练所需的环境，接下来就可以开始模型的训练了。

5.3   YOLOv5 模型配置

在官网下载 YOLOv5 目标检测算法的源代码。在 data 目录下创建一个名为 kitchen.yaml 的文件作为数据配置文件，内容如下。

```
# PASCAL VOC 数据集为 http://host.****.ox.ac.uk/pascal/VOC/
# 训练命令为 python train.py --data voc.yaml
# 默认数据集的位置为/YOLOv5:
#    /parent_folder
#    /VOC
#    /YOLOv5
# download command/URL (optional)
# download: bash data/scripts/get_voc.sh
train: ./VOCdevkit/images/train/  # 28 images
val: ./VOCdevkit/images/val/  # 12 images
# 类的数量
nc: 4
# 类的名称
names: [ 'mouse', 'cockroach', 'dog', 'cat' ]
```

其中，train 和 val 是训练集和测试集的路径；nc 是厨房中动物种类的数量，这里填入 4；names 是每种动物的英文名称，如果输入中文名称会出报错。

在 model 目录下创建一个名为 YOLOv5s_kitchen.yaml 的文件作为模型配置文件，内容如下。

```
# 参数
nc: 4  # number of classes
depth_multiple: 0.33  # model depth multiple
width_multiple: 0.50  # layer channel multiple
# 锚
anchors:
  - [10,13, 16,30, 33,23]  # P3/8
  - [30,61, 62,45, 59,119]  # P4/16
  - [116,90, 156,198, 373,326]  # P5/32
# YOLOv5 骨干网络
backbone:
  # [from, number, module, args]
  [[-1, 1, Focus, [64, 3]],  # 0-P1/2
   [-1, 1, Conv, [128, 3, 2]],  # 1-P2/4
   [-1, 3, C3, [128]],
   [-1, 1, Conv, [256, 3, 2]],  # 3-P3/8
   [-1, 9, C3, [256]],
   [-1, 1, Conv, [512, 3, 2]],  # 5-P4/16
   [-1, 9, C3, [512]],
   [-1, 1, Conv, [1024, 3, 2]],  # 7-P5/32
   [-1, 1, SPP, [1024, [5, 9, 13]]],
   [-1, 3, C3, [1024, False]],  # 9
  ]
# YOLOv5 头部网络
head:
  [[-1, 1, Conv, [512, 1, 1]],
   [-1, 1, nn.Upsample, [None, 2, 'nearest']],
   [[-1, 6], 1, Concat, [1]],  # cat backbone P4
   [-1, 3, C3, [512, False]],  # 13
   [-1, 1, Conv, [256, 1, 1]],
   [-1, 1, nn.Upsample, [None, 2, 'nearest']],
   [[-1, 4], 1, Concat, [1]],  # cat backbone P3
```

```
        [-1, 3, C3, [256, False]],   # 17 (P3/8-small)
        [-1, 1, Conv, [256, 3, 2]],
        [[-1, 14], 1, Concat, [1]],  # cat head P4
        [-1, 3, C3, [512, False]],   # 20 (P4/16-medium)
        [-1, 1, Conv, [512, 3, 2]],
        [[-1, 10], 1, Concat, [1]],  # cat head P5
        [-1, 3, C3, [1024, False]],  # 23 (P5/32-large)
        [[17, 20, 23], 1, Detect, [nc, anchors]],  # Detect(P3, P4, P5)
    ]
```

其中，nc 为 4 表示需要识别 4 种对象；depth_multiple 为模型深度倍数，影响模型架构的深度；width_multiple 为层通道倍数，影响模型中通道的宽度。此外，还有锚框的检测尺度、YOLOv5 模型的骨干网络和头部网络。

写好数据配置文件和模型配置文件后就可以开始训练 YOLOv5 模型了。以下是 train.py 的主函数代码，需要根据智能厨房的数据集以及计算机的配置对主函数进行修改。

```python
if __name__ == '__main__':
    __spec__ = "ModuleSpec(name='builtins', loader=<class '_frozen_importlib.
BuiltinImporter'>)"
    parser = argparse.ArgumentParser()
    parser.add_argument('--weights', type=str,default='./YOLOv5s.pt', help='initial
weights path')
    parser.add_argument('--cfg', type=str, default='./models/YOLOv5s_kitchen.yaml',
help='model.yaml path')
    parser.add_argument('--data', type=str, default='./data/kitchen.yaml', help=
'data.yaml path')
    parser.add_argument('--hyp', type=str, default='data/hyp.scratch.yaml', help=
'hyperparameters path')
    parser.add_argument('--epochs', type=int, default=300)
    parser.add_argument('--batch-size', type=int, default=8, help='total batch size
for all GPUs')
    parser.add_argument('--img-size', nargs='+', type=int, default=[640, 640], help=
'[train, test] image sizes')
    parser.add_argument('--rect', action='store_true', help='rectangular training')
    parser.add_argument('--resume', nargs='?', const=True, default=False, help=
'resume most recent training')
    parser.add_argument('--nosave', action='store_true', help='only save final
checkpoint')
    parser.add_argument('--notest', action='store_true', help='only test final epoch')
    parser.add_argument('--noautoanchor', action='store_true', help='disable
autoanchor check')
    parser.add_argument('--evolve', action='store_true', help='evolve hyperparameters')
    parser.add_argument('--bucket', type=str, default='', help='gsutil bucket')
    parser.add_argument('--cache-images', action='store_true', help='cache images for
faster training')
    parser.add_argument('--image-weights', action='store_true', help='use weighted
image selection for training')
    parser.add_argument('--device', default='', help='cuda device, i.e. 0 or 0,1,2,3
or cpu')
    parser.add_argument('--multi-scale', action='store_true', help='vary img-size +/-
50%%')
    parser.add_argument('--single-cls', action='store_true', help='train multi-class
data as single-class')
    parser.add_argument('--adam', action='store_true', help='use torch.optim.Adam()
optimizer')
    parser.add_argument('--sync-bn', action='store_true', help='use SyncBatchNorm,
only available in DDP mode')
    parser.add_argument('--local_rank', type=int, default=-1, help='DDP parameter, do
not modify')
    parser.add_argument('--workers', type=int, default=8, help='maximum number of
dataloader workers')
```

```
    parser.add_argument('--project', default='runs/train', help='save to project/name')
    parser.add_argument('--entity', default=None, help='W&B entity')
    parser.add_argument('--name', default='exp', help='save to project/name')
    parser.add_argument('--exist-ok', action='store_true', help='existing project/
name ok, do not increment')
    parser.add_argument('--quad', action='store_true', help='quad dataloader')
    parser.add_argument('--linear-lr', action='store_true', help='linear LR')
    parser.add_argument('--label-smoothing', type=float, default=0.0, help='Label
smoothing epsilon')
    parser.add_argument('--upload_dataset', action='store_true', help='Upload
dataset as W&B artifact table')
    parser.add_argument('--bbox_interval', type=int, default=-1, help='Set bounding-
box image logging interval for W&B')
    parser.add_argument('--save_period', type=int, default=-1, help='Log model after
every "save_period" epoch')
    parser.add_argument('--artifact_alias', type=str, default="latest", help=
'version of dataset artifact to be used')
    opt = parser.parse_args()
```

其中，在'--weights'的代码行中设置下载好的 yolov5s.pt 文件的保存路径；在'--cfg'的代码行中设置模型配置文件的路径；在'--data'的代码行中设置数据配置文件的路径；在'--epochs'的代码行中可以设置训练的轮数，这里设置训练 300 轮；'--batch-size'和'--workers'的代码行分别设置批量大小和线程数，需要根据计算机配置修改，这里将二者都改成 8。

配置修改完成后，运行 train.py，开始 YOLOv5 模型训练。

5.4   YOLOv5 模型训练

查看模型的网络结构。

```
      from  n    params  module                                    arguments
  0     -1  1      3520  models.common.Focus                       [3, 32, 3]
  1     -1  1     18560  models.common.Conv                        [32, 64, 3, 2]
  2     -1  1     18816  models.common.C3                          [64, 64, 1]
  3     -1  1     73984  models.common.Conv                        [64, 128, 3, 2]
  4     -1  1    156928  models.common.C3                          [128, 128, 3]
  5     -1  1    295424  models.common.Conv                        [128, 256, 3, 2]
  6     -1  1    625152  models.common.C3                          [256, 256, 3]
  7     -1  1   1180672  models.common.Conv                        [256, 512, 3, 2]
  8     -1  1    656896  models.common.SPP                         [512, 512, [5, 9, 13]]
  9     -1  1   1182720  models.common.C3                          [512, 512, 1, False]
 10     -1  1    131584  models.common.Conv                        [512, 256, 1, 1]
 11     -1  1         0  torch.nn.modules.upsampling.Upsample      [None, 2, 'nearest']
 12 [-1, 6]  1         0  models.common.Concat                      [1]
 13     -1  1    361984  models.common.C3                          [512, 256, 1, False]
 14     -1  1     33024  models.common.Conv                        [256, 128, 1, 1]
 15     -1  1         0  torch.nn.modules.upsampling.Upsample      [None, 2, 'nearest']
 16 [-1, 4]  1         0  models.common.Concat                      [1]
 17     -1  1     90880  models.common.C3                          [256, 128, 1, False]
 18     -1  1    147712  models.common.Conv                        [128, 128, 3, 2]
 19 [-1, 14]  1        0  models.common.Concat                      [1]
 20     -1  1    296448  models.common.C3                          [256, 256, 1, False]
 21     -1  1    590336  models.common.Conv                        [256, 256, 3, 2]
 22 [-1, 10]  1        0  models.common.Concat                      [1]
 23     -1  1   1182720  models.common.C3                          [512, 512, 1, False]
 24 [17, 20, 23]  1    24273  models.yolo.Detect                   [4, [[10, 13, 16, 30,
33, 23], [30, 61, 62, 45, 59, 119], [116, 90, 156, 198, 373, 326]], [128, 256, 512]]
```

YOLOv5s 是一种基于骨干网络 CSPDarknet53 的轻量级目标检测模型。从上述网络结构中可以发现，该模型采用了逐层递增的网络深度和通道宽度设计。模型初始阶段通过 Focus 层进行初步特征提取，随后借助多个卷积层和 C3 模块逐步增强特征表示。在网络的中部，通过引入 SPP（空间金字塔池化）层来捕获多尺度信息，而后续的上采样层和 C3 模块则有助于提升网络的分辨率和感知能力。最终，通过 Detect 层实现目标检测，该层结合锚框和多层级特征图，确保了对不同尺寸物体的精确识别。整个网络结构旨在保持卓越性能的同时实现模型数据量的最小化，使其更加适用于嵌入式设备和实时应用场景。

在智能厨房环境中，对老鼠、蟑螂、狗、猫这 4 种对象的实时检测至关重要。轻量级的 YOLOv5s 模型不仅加快了模型推理和检测的速度，降低了对硬件资源的需求，而且保证了较高的识别准确率。这使得对上述动物的检测既迅速又准确，满足了智能厨房对高效、精准监控的需求。模型的训练过程如下。

```
Plotting labels...
Image sizes 640 train, 640 test
Using 8 dataloader workers
Logging results to runs/train/exp36
Starting training for 300 epochs...
     Epoch   gpu_mem       box       obj       cls     total    labels   img_size
autoanchor: Analyzing anchors... anchors/target = 2.79, Best Possible Recall (BPR) =
1.0000
       0/299     3.1G   0.08609   0.03635   0.03704    0.1595        11       640:100%| |
4/4 [00:11<00:00,  2.91s/it]
                 Class    Images    Labels         P         R    mAP@.5 mAP@.5:.95:
100%| |  1/1 [00:01<00:00,
                   all        12         0         0         0         0         0

     Epoch   gpu_mem       box       obj       cls     total    labels   img_size
       1/299     3.1G     0.098   0.03557   0.03815    0.1717         7       640: 100%| |
4/4 [00:00<00:00,  9.35it/s]
                 Class    Images    Labels         P         R    mAP@.5 mAP@.5:.95:
100%| |  1/1 [00:00<00:00,
                   all        12         0         0         0         0         0

     Epoch   gpu_mem       box       obj       cls     total    labels   img_size
       2/299     3.1G   0.07217    0.0336   0.03157    0.1373         9       640: 100%| |
4/4 [00:00<00:00,  9.69it/s]
                 Class    Images    Labels         P         R    mAP@.5 mAP@.5:.95:
100%| |  1/1 [00:00<00:00,
                   all        12         0         0         0         0         0
```

接着进行模型的训练。根据之前参数的设置，模型需要训练 300 轮，训练结果如下所示。

```
     Epoch   gpu_mem       box       obj       cls     total    labels   img_size
     299/299    3.11G   0.02763   0.01267   0.01475   0.05505        12          640:
100%| | 4/4 [00:00<00:00, 12.21it/s]
                 Class    Images    Labels         P         R    mAP@.5 mAP@.5:.95:
100%| |  1/1 [00:00<00:00,
                   all        12        12     0.884     0.974     0.954     0.563
                 mouse        12         3     0.925         1     0.995     0.559
             cockroach        12         3     0.886         1     0.995     0.521
                   dog        12         3         1         1     0.995     0.698
                   cat        12         3     0.724     0.897      0.83     0.473
300 epochs completed in 0.070 hours.
Optimizer stripped from runs/train/exp36/weights/last.pt, 14.4MB
Optimizer stripped from runs/train/exp36/weight/best.pt, 14.4MB
```

300 轮的训练总共用时 0.070 小时。在随附的表格中详细列出了 4 种对象的类别、目标数、检测数、精度、召回率、F1 分数以及平均精度（mean Average Precision，mAP）。从结果可以看出，训练完成的 YOLOv5s 模型在识别狗方面的精度、召回率、F1 分数和 mAP 均为最高，而猫的各项指标最低。因此，该模型在识别猫方面仍有待提升和优化。

训练结束后，得到了 last.py 和 best.py 两个权重文件。其中，last.py 代表 300 轮训练结束后所保存的权重文件，但这并不意味着 last.py 中的权重一定是最优的。而 best.py 则是在整个 300 轮训练过程中基于最高精度所选择的那一轮训练结果所对应的权重文件。在进行后续的检测任务时，将使用 best.py 以确保所使用的模型达到最佳性能。

图 5.8、图 5.9 和图 5.10 分别展示了模型在 300 轮训练过程中的 mAP、精度和召回率曲线，从中可以观察到模型性能的变化趋势。

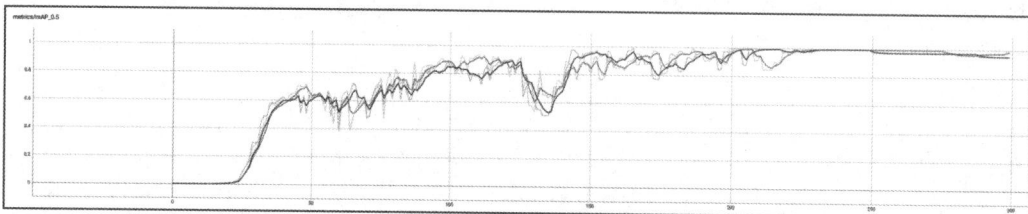

图 5.8　模型 300 轮训练过程中的 mAP

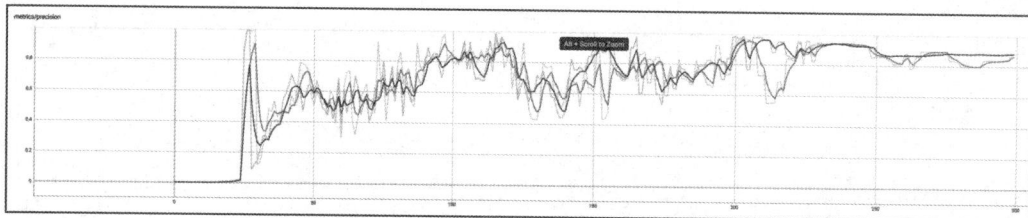

图 5.9　模型 300 轮训练过程中的精度

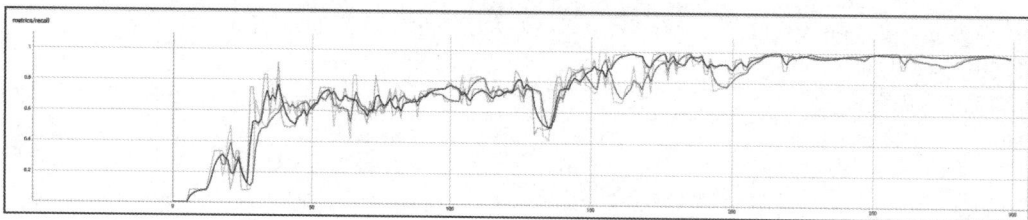

图 5.10　模型 300 轮训练过程中的召回率

选择 300 轮作为模型训练周期的原因是，在模型训练至 250 轮后，其 mAP、精度和召回率 3 项指标已经逐渐趋于稳定，且在达到 300 轮之前，这 3 项指标的数值几乎保持不变。然而，在 200 轮左右时，模型仍有明显的训练和提升空间。例如，精度在 220 轮训练时出现了显著下滑，这可能会导致性能损失。因此，将训练周期设定为 300 轮，并在训练过程中寻找最佳的周期。一旦确定最佳周期，将该周期下模型所得的权重保存到 best.py 文件中。这样，在后续的动物检测任务中，可以直接使用 best.py 文件，以确保模型的检测性能最优。

5.5　使用 OpenVINO 加快 YOLOv5 模型的推理和检测速度

如果计算机用的是英特尔公司的 CPU，使用 OpenVINO 可大大加快模型的推理和检测速度，在本案例中可以实现 4 种对象的实时检测，使得检测的延迟更小，非常有利于模型在智能厨房案例中的应用。

首先需要安装 OpenVINO 库。

```
!python -m pip install --upgrade pip    #升级为最新版的 pip
!pip install openvino-dev==2022.3.0     #安装 2022.3.0 版本的 OpenVINO
```

接着将 Python 权重文件转换为 OpenVINO 的 IR 格式，结果如图 5.11 所示。

```
# 将 Python 权重文件转换为 OpenVINO 的 IR 格式
from IPython.display import Markdown, display
print("Convert PyTorch model to OpenVINO Model:")
command_export = f" python export.py --weights ./runs/train/exp36/weights/best.pt
--imgsz 640 --batch-size 1 --include openvino"
display(Markdown(f"`{command_export}`"))
! $command_export
```

```
Convert PyTorch model to OpenVINO Model:
cd C:/Users/wuqia/openvino_notebooks/notebooks/yolov5-5.0 && python export.py --weights C:/Users/wuqia/openvino_notebooks/notebooks/yolov5-
5.0/runs/train/exp36/weights/best.pt --imgsz 640 --batch-size 1 --include openvino

export: data=C:\Users\wuqia\openvino_notebooks\notebooks\yolov5-5.0\data\coco128.yaml, weights=['C:/Users/wuqia/openvino_notebooks/notebooks/yolov5-5.0/run
s/train/exp36/weights/best.pt'], imgsz=[640], batch_size=1, device=cpu, half=False, inplace=False, keras=False, optimize=False, int8=False, per_tensor=Fals
e, dynamic=False, simplify=False, opset=17, verbose=False, workspace=4, nms=False, agnostic_nms=False, topk_per_class=100, topk_all=100, iou_thres=0.45, co
nf_thres=0.25, include=['openvino']
YOLOv5  2024-1-3 Python-3.10.12 torch-1.13.1+cpu CPU

Fusing layers...
YOLOv5s_kitchen summary: 224 layers, 7062001 parameters, 0 gradients

PyTorch: starting from C:\Users\wuqia\openvino_notebooks\notebooks\yolov5-5.0\runs\train\exp36\weights\best.pt with output shape (1, 25200, 9) (13.7 MB)

ONNX: starting export with onnx 1.14.1...
ONNX: export success  0.7s, saved as C:\Users\wuqia\openvino_notebooks\notebooks\yolov5-5.0\runs\train\exp36\weights\best.onnx (27.4 MB)

OpenVINO: starting export with openvino 2023.1.0-12185-9e6b00e51cd-releases/2023/1...
OpenVINO: export success  1.2s, saved as C:\Users\wuqia\openvino_notebooks\notebooks\yolov5-5.0\runs\train\exp36\weights\best_openvino_model\ (27.5 MB)

Export complete (2.6s)
Results saved to C:\Users\wuqia\openvino_notebooks\notebooks\yolov5-5.0\runs\train\exp36\weights
Detect:          python detect.py --weights C:\Users\wuqia\openvino_notebooks\notebooks\yolov5-5.0\runs\train\exp36\weights\best_openvino_model\
Validate:        python val.py --weights C:\Users\wuqia\openvino_notebooks\notebooks\yolov5-5.0\runs\train\exp36\weights\best_openvino_model\
PyTorch Hub:     model = torch.hub.load('ultralytics/yolov5', 'custom', 'C:\Users\wuqia\openvino_notebooks\notebooks\yolov5-5.0\runs\train\exp36\weights\be
st_openvino_model')
```

图 5.11　将 Python 权重文件转换为 IR 格式

导入所需要的依赖库。

```
import cv2
from PIL import Image
from openvino.inference_engine import IECore
import numpy as np
import winsound
```

其中，从 openvino.inference_engine 中导入 IECore（2023 年后的版本为 core=ov.Core()），用于后续加速目标检测工作。将之前训练得到的 YOLOv5s 模型的 PY 权重文件转换为 XML 和 BIN 文件，然后加载模型，之后就可以更快速地进行目标检测了。

```
ie = IECore()
net = ie.read_network(model='./YOLOv5s.xml', weights='./YOLOv5s.bin')
exec_net = ie.load_network(network=net, device_name='CPU', num_requests=1)
```

使用老鼠、蟑螂、狗和猫的数据集将 YOLOv5s 模型训练好后，使用这些对象的图像（未在训练数据集和测试数据集中出现）和视频来检验模型的训练效果。下面是检测图像或视频的关键代码。

```
def detect(save_img=False):
    # 从命令行参数中获取设置
    source, weights, view_img, save_txt, imgsz = opt.source, opt.weights, opt.view_img,
opt.save_txt, opt.img_size
    # 判断是否保存图像
    save_img = not opt.nosave and not source.endswith('.txt')
    # 判断是否为摄像头输入
    webcam = source.isnumeric() or source.endswith('.txt') or source.lower().startswith(
        ('rtsp://', 'rtmp://', 'http://', 'https://'))
```

```python
# 创建保存目录并确保目录的唯一性
save_dir = Path(increment_path(Path(opt.project) / opt.name, exist_ok=
opt.exist_ok))
# 根据是否保存文本文件，创建保存标签文件的子目录 labels
(save_dir / 'labels' if save_txt else save_dir).mkdir(parents=True, exist_ok=True)
# 设置日志记录
set_logging()
# 选择运行设备（CPU 或 GPU）
device = select_device(opt.device)
# 根据设备类型判断是否使用半精度浮点数运算
half = device.type != 'cpu'
# 加载模型权重
model = attempt_load(weights, map_location=device)
# 获取模型的步长
stride = int(model.stride.max())
# 检查图像尺寸
imgsz = check_img_size(imgsz, s=stride)
# 如果是 GPU，使用半精度运算
if half:
    model.half()
# 是否进行分类
classify = False
# 如果进行分类，加载分类器权重
if classify:
    modelc = load_classifier(name='resnet101', n=2)
    modelc.load_state_dict(torch.load('weights/resnet101.pt', map_location=
device)['model']).to(device).eval()
# 初始化视频路径和视频写入器
vid_path, vid_writer = None, None
# 如果输入源是摄像头
if webcam:
    view_img = check_imshow()
    cudnn.benchmark = True
    # 加载摄像头数据流
    dataset = LoadStreams(source, img_size=imgsz, stride=stride)
else:
    # 加载图像数据集
    dataset = LoadImages(source, img_size=imgsz, stride=stride)
# 获取模型类别名称和对应颜色
names = model.module.names if hasattr(model, 'module') else model.names
colors = [[random.randint(0, 255) for _ in range(3)] for _ in names]
# 如果使用 GPU，通过模型前向传播一个图像来确保模型加载成功
if device.type != 'cpu':
    model(torch.zeros(1, 3, imgsz, imgsz).to(device).type_as(next(model.
parameters())))
# 记录程序运行时间
t0 = time.time()
# 遍历数据集进行检测
for path, img, im0s, vid_cap in dataset:
    # 将图像转换为 PyTorch 张量并移到指定设备
    img = torch.from_numpy(img).to(device)
    img = img.half() if half else img.float()
    img /= 255.0
    # 如果图像维度为 3，添加 batch 维度
```

```
        if img.ndimension() == 3:
            img = img.unsqueeze(0)
        # 记录当前时间
        t1 = time_synchronized()
        # 模型推理，获取预测结果
        pred = model(img, augment=opt.augment)[0]
        pred = non_max_suppression(pred, opt.conf_thres, opt.iou_thres,
classes=opt.classes, agnostic=opt.agnostic_nms)
        # 记录推理结束时间
        t2 = time_synchronized()
        # 如果进行分类，应用分类器
        if classify:
            pred = apply_classifier(pred, modelc, img, im0s)
        # 遍历每个检测结果
        for i, det in enumerate(pred):
            if webcam:
                p, s, im0, frame = path[i], '%g: ' % i, im0s[i].copy(), dataset.count
            else:
                p, s, im0, frame = path, '', im0s, getattr(dataset, 'frame', 0)
            # 提取路径信息
            p = Path(p)
            save_path = str(save_dir / p.name)
            txt_path = str(save_dir / labels)
```

接着按照之前训练的步骤修改检测代码中的主函数。

```
    if __name__ == '__main__':
        parser = argparse.ArgumentParser()
        parser.add_argument('--weights', nargs='+', type=str, default=r'runs/train/
exp36/weights/best.pt', help='model.pt path(s)')
        parser.add_argument('--source', type=str, default='./data/mouse.mp4', help='source')
        parser.add_argument('--img-size', type=int, default=640, help='inference size
(pixels)')
        parser.add_argument('--conf-thres', type=float, default=0.25, help='object
confidence threshold')
        parser.add_argument('--iou-thres', type=float, default=0.45, help='IoU threshold
for NMS')
        parser.add_argument('--device', default='', help='cuda device, i.e. 0 or 0,1,2,3
or cpu')
        parser.add_argument('--view-img', action='store_true', help='display results')
        parser.add_argument('--save-txt', action='store_true', help='save results to
*.txt')
        parser.add_argument('--save-conf', action='store_true', help='save confidences in
--save-txt labels')
        parser.add_argument('--nosave', action='store_true', help='do not save images/
videos')
        parser.add_argument('--classes', nargs='+', type=int, help='filter by class:
--class 0, or --class 0 2 3')
        parser.add_argument('--agnostic-nms', action='store_true', help='class-agnostic
NMS')
        parser.add_argument('--augment', action='store_true', help='augmented inference')
        parser.add_argument('--update', action='store_true', help='update all models')
        parser.add_argument('--project', default='runs/detect', help='save results to
project/name')
        parser.add_argument('--name', default='exp', help='save results to project/name')
        parser.add_argument('--exist-ok', action='store_true', help='existing project/
name ok, do not increment')
        opt = parser.parse_args()
        print(opt)
        check_requirements(exclude=('pycocotools', 'thop'))
```

在'--weights'的代码行中需要载入前面训练完成的 best.py 权重文件，因此这里填入权重文件的路径；在'--source'的代码行中需要填入待检测的文件的路径，这里分别收集 4 张动物图像，每种动物各一张（未在训练集和测试集中使用过），用于评估检测效果。图 5.12～图 5.15 是 4 种对象的检测结果。

图 5.12　使用训练好的 YOLOv5 模型检测老鼠

图 5.13　使用训练好的 YOLOv5 模型检测蟑螂

图 5.14　使用训练好的 YOLOv5 模型检测狗

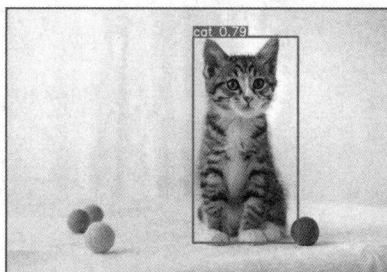

图 5.15　使用训练好的 YOLOv5 模型检测猫

从图中可以看到，所有动物的图像经过模型的检测都实现了准确分类，并且所有图像都被边界框框入，没有框到多余的地方。尤其是在狗的检测中，为了进一步检测模型的检测能力，在图像中放入了 3 条狗，最终模型把它们全部检测出来了。

为了进一步评估经过上述训练后的 YOLOv5s 模型在智能厨房中识别 4 类对象的能力，选择 4 段老鼠、蟑螂、狗和猫的视频进行目标识别（读者可以考虑如何修改代码，从摄像头获取视频）。然后将视频保存到本地路径下，用训练好的 YOLOv5s 模型对该视频进行检测，图 5.16 是截取的一帧图像的识别结果。

图 5.16　视频中的一帧图像截取（识别为狗）

选取狗的视频片段进行分析：无论狗是在行走、跳跃、坐还是站着，YOLOv5 模型都可以完美识别出狗，并且边界框标注得也十分准确。因此，通过图像和视频的检测结果可知，训练完成的 YOLOv5 模型具有较高的识别准确率，可以在智能厨房项目中应用。

在智能厨房项目中，为了在保证高准确率的同时提升模型训练和识别的速度，选用了轻量级的目标检测模型 YOLOv5s，并针对老鼠、蟑螂、狗和猫等数据集进行了专门的训练。在模型训练过程中，通过对参数的调整以及对指标趋势的观察，最终确定了 300 轮为最佳训练轮数，并保存了相应轮次的权重文件。

在模型训练完成后进行了检测，测试对象包括未在训练集和测试集中出现过的图像和视频。通过结果可以发现，模型在识别老鼠、蟑螂、狗和猫方面均展现出了较高的准确率，实现了精准分类和准确框选。特别值得一提的是，即使在多个目标同时出现的情况下，模型也能有效地识别并区分每一个目标。

为了进一步验证模型的实用性，还使用训练好的模型对视频中的狗进行了检测。结果显示，模型成功地捕捉到了视频中狗的不同动作，包括行走、跳跃、坐和站等，进一步证明了模型的有效性和准确性。

思考题

（1）阐述图像数据增强的方法以及作用。

（2）对于 YOLOv5 模型不能检测的物体，如何通过迁移学习进行训练？

（3）YOLOv5 模型补充新的类型样本训练对预训练模型的检测性能有何影响？

（4）在 YOLOv5 模型的训练过程中，YAML 文件要进行哪些设置？

（5）如何进一步提高 YOLOv5 模型对小物体和部分遮挡物体的识别能力？

第 6 章
智能冰箱食材识别

【本章导读】

　　本章将设计一个智能冰箱原型，目标是利用冰箱内安装的摄像头，通过目标检测算法识别食材类别，判断存取动作，增加或者减少相应食材的数量，并记录存取时间等相关数据。它具备智能化的提示清理和补货等功能，为智能冰箱的发展提出了一个新的解决方案。由于在冰箱上进行边缘计算的实时性要求比较高，可以选用参数量比较小、计算速度比较快的 YOLOX-Nano 算法作为食材识别的算法；为了提升识别时的推理速度，可以使用 OpenVINO 对模型进行优化和加速。

随着时代的进步，AI 已经渗透到各个行业，智能化已成为家电行业发展的重要趋势。冰箱作为家庭日常生活中不可或缺的一部分，其智能化应用却尚未得到广泛推广。尽管市面上智能家电层出不穷，但冰箱在日常生活中的智能化应用仍显不足。每年因冰箱内食材管理不当而造成的浪费数额惊人，传统的手动记录食材放入日期和保质期的方式既烦琐又耗费人力，且不同家庭成员对冰箱内食材的需求各异。

在智能冰箱领域，食材的精准管理成为其发展的核心目标，而准确识别食材种类则是实现这一目标的首要前提和技术挑战。当前，快速发展的目标检测算法为基于图像的食材识别提供了坚实的技术支持。同时，这种基于图像的识别方式不需要用户改变自己的存取习惯，带来了近乎无感的操作体验，相较于条码、射频识别等方式具有明显优势。因此，它已成为智能冰箱研究的热点，对智能冰箱的发展具有重大意义。

本案例实现对冰箱里食材种类和数量的增减情况进行监测，并在食材数量少于设定值时提示补充，或在食材存放时间超过若干天后提示清理。

6.1　问题分析

针对上述需求和挑战，本案例将设计一款智能冰箱原型。它不仅能自动记录食材信息，还能不改变用户的使用习惯。这款智能冰箱可以作为软、硬件一体化产品进行销售，同时也可与电商、广告、数据等领域的厂商展开合作，既解决了用户的实际问题，又展现了广泛的商业应用前景。

为实现这一目标，本案例提供了一套软、硬件一体化解决方案：智能冰箱内置摄像头进行视频采集，通过目标检测系统对食材进行分析和统计，并通过微信小程序将库存信息实时推送给用户。新增的食材类别的训练数据相对较少，可以利用预训练模型并结合少量样本进行迁移学习，从而得到针对新类别的识别模型。

此外，使用 OpenVINO 优化目标检测模型能提升约 50%的推理速度，实现实时检测效果，为用户带来更加流畅的使用体验。

6.2　数据预处理

为了更好地训练 YOLOX-Nano 算法，需要对采集的数据进行如下预处理。

6.2.1　数据准备

原始数据为冰箱上方摄像头拍摄的 20 类食材图像，共计 11 983 张，按类别存放在不同的文件夹中。下载后的数据存储在 yolox\data 目录下的 fridge 文件夹中。

```
data_dir=os.path.join(get_yolox_datadir(), "fridge")
```

抽取少量原始图像，所有图像均为测试人员在存取食材时手持不同食材的图像，如图 6.1 所示。

图 6.1　原始图像

标注信息为图像中的食材类别和边界框（bbox），格式为 JSON 格式，每段标注信息由 name、image_height、image_width、category 和 bbox 组成，具体如下。

```json
[
{
    "name": "45大红樱桃/yingtao10441.jpg",
    "image_height" : 720,
    "image_width" : 1280,
    "category" : 45,
    "bbox" : [398, 225, 497, 476]
},…
{
    "name": "40青提/106000283.jpg",
    "image_height" : 720,
    "image_width" : 1280,
    "category" : 40,
    "bbox" : [508, 426, 740, 576]
    }
]
```

6.2.2   数据格式转换

将原始数据按照 VOC 格式进行转换。首先将包含标注信息的 JSON 文件转换为 XML 文件，每张图像对应一个 XML 文件，然后将所有 XML 文件存放于 Annotations 文件夹中。选取 20 类食材，根据其类别代码，从 60 类食材的标注文件（train_annos_1-60.json）中筛选出 20 类食材的标注信息，记录到 anno_20.json 中，对应的命令为 python；将 20 类食材图像合并到 JPEGImages 文件夹中，由于这一步可能会出现图像文件名重复的情况，注意在更改重复文件名的同时更改 JSON 文件中的对应信息；使用 python gen_XML.py 命令将 20 类食材的 JSON 文件转换为 XML 文件；将所有图像的名称记录在 all.txt 中，存放在 ImageSets/Main 目录下，用于后续的数据集分割。

转换后的 XML 文件如下。

```xml
<?xml version="1.0" ?>
<annotation>
 <filename>10001178.jpg</filename>
 <size>
  <width>1280</width>
  <height>720</height>
  <depth>3</depth>
 </size>
 <object>
  <name>29</name>
  <bndbox>
   <xmin>328</xmin>
   <ymin>24</ymin>
   <xmax>375</xmax>
   <ymax>70</ymax>
  </bndbox>
 </object>
 <object>
  <name>29</name>
  <bndbox>
   <xmin>427</xmin>
   <ymin>181</ymin>
   <xmax>706</xmax>
   <ymax>496</ymax>
  </bndbox>
 </object>
</annotation>
```

最终数据存储目录结构如图 6.2 所示。

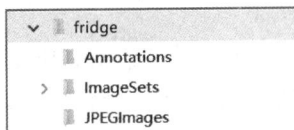

图 6.2 数据存储目录结构

6.2.3 数据集分割

利用 gen_dataset_txt.py 将 11 983 张图像按 8∶2 的比例随机进行分割,分为训练集和测试集。分割后训练集中图像共计 9586 张,测试集中图像共计 2397 张。训练集的图像名称存放于trainval.txt 文件中,测试集的图像名称存放于 test.txt 文件中。数据集分割的代码如下。

```python
import random
with open('ImageSets/Main/all.txt','r') as f:
    name_list = f.readlines()
#print(name_list)
random.shuffle(name_list)
#print(name_list)
len_all = len(name_list)
len_train = int(0.8 * len_all)
len_test = len_all - len_train
print(len_all,len_train,len_test)
trainval_txt = open('ImageSets/Main/trainval.txt','w')
test_txt = open('ImageSets/Main/test.txt','w')
trainval_list = []
test_list = []
i = 0
for name in name_list:
    if i < len_train:
        #uni_name = name.encode('unicode-escape').decode()
        trainval_list.append(name)
        i+=1
    else:
        #uni_name = name.encode('unicode-escape').decode()
        test_list.append(name)
trainval_txt.writelines(trainval_list)
test_txt.writelines(test_list)
trainval_txt.close()
test_txt.close()
```

6.2.4 数据增强

使用 YOLOX 模型对图像进行平移、旋转、缩放、马赛克增强、裁剪、色域变换等方式的在线数据增强。相关操作在 exps\example\custom\yolox_voc_nano.py 中配置即可。经过数据增强后的图像如图 6.3 所示。

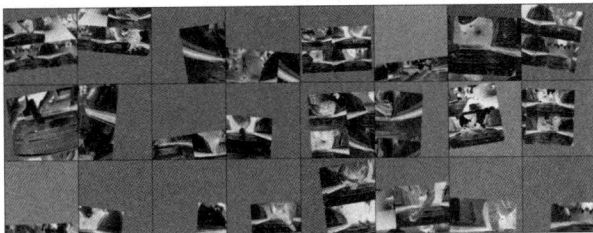

图 6.3 数据增强后的图像（一个 batch 共计 24 张图像）

6.3　YOLOX 模型训练和优化

本案例实现的整体过程主要包括数据预处理、模型训练、模型转换、OpenVINO 优化、存取动作判断等。首先对冰箱食材数据进行预处理和浏览，并对数据进行增强，选择合适的模型并以迁移学习的方式进行模型训练,将得到的模型权重转换为 ONNX 格式,然后使用 OpenVINO进行优化加速和推理,并利用推理的结果进行存取动作的判断。整体过程如图 6.4 所示。

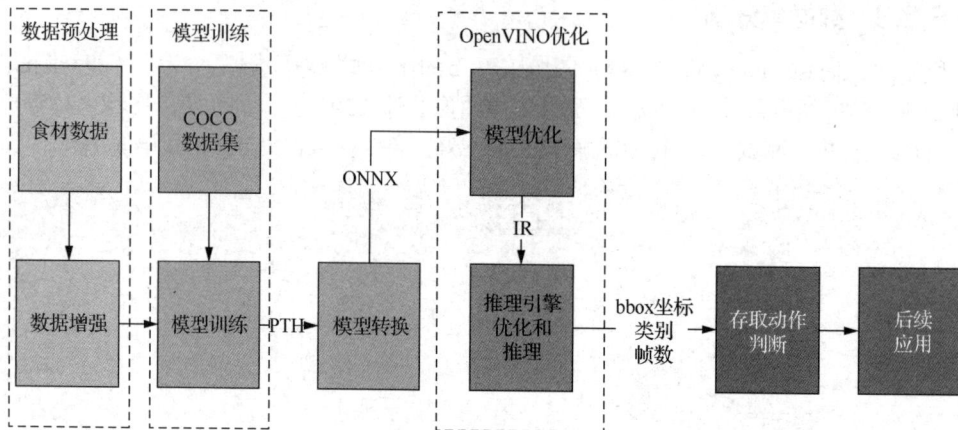

图 6.4　整体过程

（1）数据预处理

选取常见的 20 类食材,进行必要的数据预处理和数据增强。

（2）模型训练

为契合智能冰箱的应用场景,选择推理速度较快、体积较小的 YOLOX-Nano 模型。

模型训练过程中需要解决食材形状、颜色类似导致的误判问题（如苹果和番茄等）。

（3）模型优化和加速

使用 OpenVINO 对模型进行优化和加速,在保证性能的同时尽量减小模型大小和 FLOPs,使其可以适用于智能冰箱的处理器或边缘设备。

（4）推理引擎优化和推理

对冰箱摄像头输入的视频流进行推理,判断食材类别和位置。

（5）存取动作判断

通过预测的食材位置坐标序列绘制食材运动轨迹,判断其是被放入还是被取出。

（6）后续应用

放入、取出食材后实时更新某类食材的数量。如果该类食材数量少于设定值,则提示补货;若该类食材存放时间超过若干天,则提示清理。

6.3.1　模型选择

由于本案例需要对放入或拿出冰箱的食材进行实时的目标检测,对推理速度要求较高,因此选用推理速度相对较快的一阶段目标检测模型 YOLOX。同时,由于本案例的应用场景为智能冰箱,处理器的性能较弱,因此选择参数量较小、FLOPs 较低的 YOLOX-Nano 模型。

从 YOLOX 模型相关文献得知,在同等参数规模下,YOLOX 模型的性能优于其他类似的模型。YOLOX-Nano 模型输入图像大小为 416 像素×416 像素,COCO（IoU=0.5∶0.95）标准的mAP 为 25.8,参数量为 0.91MB,FLOPs 为 1.08G。

6.3.2　模型训练

使用迁移学习的方式进行模型训练。下载 YOLOX-Nano 模型基于 COCO 数据集进行预训练的权重文件，将其作为初始权重进行模型训练。具体步骤如下。

（1）加载预训练模型

运行 YOLOX 模型训练脚本，传入参数-c，指定 checkpoint 文件为预训练权重文件 yolox_nano.pth。

```
python tools\train.py -f exps\example\custom\yolox_voc_nano.py -b 24 -c
 pth\yolox_nano.pth
```

（2）训练参数设置

训练参数使用 YOLOX-Nano 模型预设参数。

```
self.depth = 0.33
self.width = 0.25
self.input_size = (416, 416)
self.mosaic_scale = (0.5, 1.5)
self.random_size = (10, 20)
self.test_size = (416, 416)
self.exp_name = os.path.split(os.path.realpath(__file__))[1].split(".")[0]
self.enable_mixup = False
```

设置检测的类别数为 20。

```
self.num_classes = 20
```

同时利用 MosaicDetection 类进行必要的数据增强。

```
dataset = MosaicDetection(
    dataset,
    mosaic=not no_aug,
    img_size=self.input_size,
    preproc=TrainTransform(
        max_labels=120,
        flip_prob=self.flip_prob,
        hsv_prob=self.hsv_prob),
    degrees=self.degrees,
    translate=self.translate,
    mosaic_scale=self.mosaic_scale,
    mixup_scale=self.mixup_scale,
    shear=self.shear,
    enable_mixup=self.enable_mixup,
    mosaic_prob=self.mosaic_prob,
    mixup_prob=self.mixup_prob,
)
```

根据 GPU 内存大小（11GB）调整训练的批量大小为 24。

（3）训练过程

在单个 GPU 上训练 30epoch，训练集上的 mAP 曲线如图 6.5 所示。

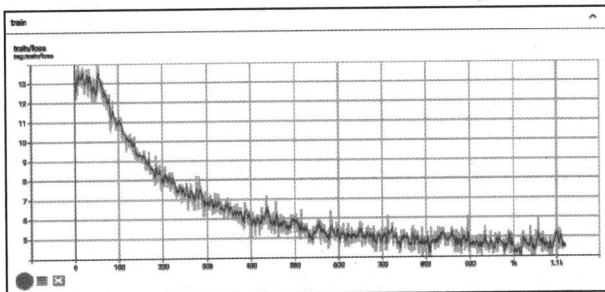

图 6.5　训练集上的 mAP 曲线

测试集上的 mAP 曲线如图 6.6 所示。

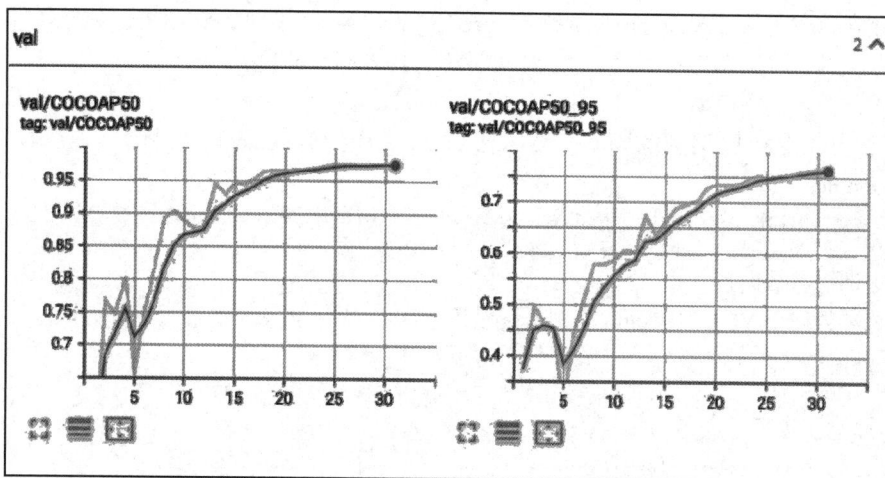

图 6.6　测试集上的 mAP 曲线

（4）模型性能评估

训练后的模型在测试集上的 mAP（COCOAP50）约为 0.97，模型在测试集上进行目标检测的性能较佳。

6.3.3　模型转换

使用 PyTorch 的 onnx 模块，用 demo_openvino.py 将训练得到的 PTH 文件转换为 ONNX 格式，需要将 opset_version 设置为 11.0 以上，避免转换过程出错。转换后模型文件为 yolo-nano-20.onnx。

```
# 转化为 ONNX 格式
dummy_input = torch.randn(1, 3, 416, 416)
# 输入输出名字
input_names = ["input_1"]
output_names = ["output_1"]
print('converting pt to onnx')
torch.onnx.export(model, dummy_input, "yolo-nano-20.onnx", opset_version=11,
verbose=True, input_names=input_names, output_names=output_names)
print('convert finished')
```

6.4　使用 OpenVINO 进行优化和推理

由于在冰箱上进行边缘计算的实时性要求比较高，为了提升识别时的推理速度，使用 OpenVINO 对模型进行优化和加速。

6.4.1　OpenVINO 模型优化器

使用 OpenVINO 模型优化器将 ONNX 模型文件转换为 IR 格式，将精度设置为 FP16，转换命令如下。

```
mo --input_model yolo-nano-20.onnx --data_type FP16 --output_dir ir
```

转化后的 IR 文件包括 yolo-nano-20.bin、yolo-nano-20.mapping、yolo-nano-20.xml。

使用 OpenVINO 模型优化器的过程如图 6.7 所示。

```
(openvino) F:\frige\YOLOX>mo --input_model yolo-nano-20.onnx --data_type FP16 --output_dir ir
Model Optimizer arguments:
Common parameters:
        - Path to the Input Model:       F:\frige\YOLOX\yolo-nano-20.onnx
        - Path for generated IR:         F:\frige\YOLOX\ir
        - IR output name:        yolo-nano-20
        - Log level:        ERROR
        - Batch:            Not specified, inherited from the model
        - Input layers:             Not specified, inherited from the model
        - Output layers:            Not specified, inherited from the model
        - Input shapes:             Not specified, inherited from the model
        - Source layout:            Not specified
        - Target layout:            Not specified
        - Layout:           Not specified
        - Mean values:  Not specified
        - Scale values:             Not specified
        - Scale factor:             Not specified
        - Precision of IR:          FP16
        - Enable fusing:            True
        - User transformations:                 Not specified
        - Reverse input channels:               False
        - Enable IR generation for fixed input shape:   False
        - Use the transformations config file:  None
Advanced parameters:
        - Force the usage of legacy Frontend of Model Optimizer for model conversion into IR:    False
        - Force the usage of new Frontend of Model Optimizer for model conversion into IR:       False
OpenVINO runtime found in:          C:\ProgramData\Miniconda3\envs\openvino\lib\site-packages\openvino
OpenVINO runtime version:           2022.1.0-7019-cdb9bec7210-releases/2022/1
Model Optimizer version:            2022.1.0-7019-cdb9bec7210-releases/2022/1
[ SUCCESS ] Generated IR version 11 model.
[ SUCCESS ] XML file: F:\frige\YOLOX\ir\yolo-nano-20.xml
[ SUCCESS ] BIN file: F:\frige\YOLOX\ir\yolo-nano-20.bin
[ SUCCESS ] Total execution time: 3.38 seconds.
```

图 6.7　使用 OpenVINO 模型优化器的过程

6.4.2　OpenVINO 推理引擎

使用 OpenVINO 推理引擎编译优化并进行推理，推理前需要导入 openvino.runtime 模块。

```
from openvino.runtime import Core
# 用 ie 推理
ie = Core()
model_ir = ie.read_model(model='ir/yolo-nano-20.XML')
compiled_model_ir = ie.compile_model(model=model_ir, device_name="CPU")
output_layer_ir = compiled_model_ir.output(0)
output_layer_ir.summary()
t1 = time.time()
# 对输入图像进行推理
res_ir = compiled_model_ir([img])[output_layer_ir]
outputs = torch.from_numpy(res_ir)
if self.decoder is not None:
    outputs = self.decoder(outputs, dtype=outputs.type())
outputs = postprocess(
    outputs, self.num_classes, self.confthre,
    self.nmsthre, class_agnostic=True
)
```

输入视频，对推理得到的结果进行处理，保存每帧图像的食材类别、bbox 中心点坐标和帧序号，用于后续进行存取动作的判断。

```
for i in range(len(boxes)):
    box = boxes[i]
    cls_id = int(cls_ids[i])
    score = scores[i]
    if score < conf:
        continue
    x0 = int(box[0])
    y0 = int(box[1])
    x1 = int(box[2])
    y1 = int(box[3])
    x_center = x1-(x1-x0)/2
    y_center = y1-(y1-y0)/2
```

推理结果如图 6.8 所示。

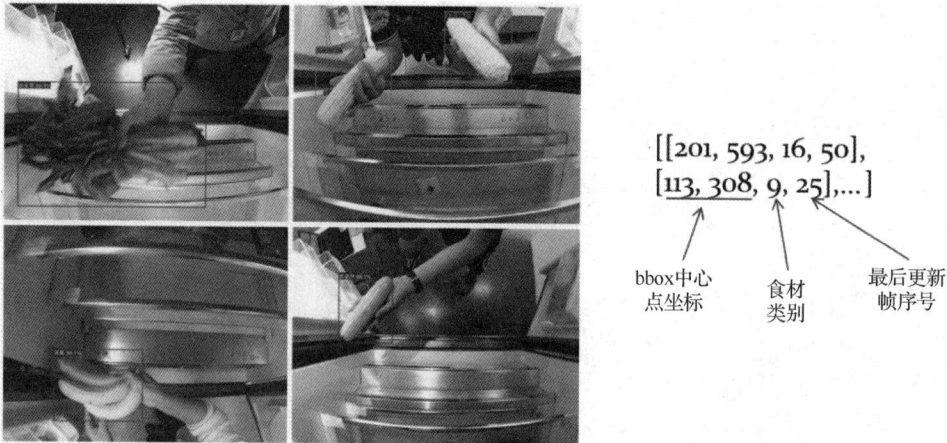

图 6.8 OpenVINO 推理结果

6.4.3 性能对比

对比使用 PyTorch 直接进行推理与使用 OpenVINO 推理引擎进行推理的速度。

运行推理程序的设备：Intel Core i3-4160 CPU。输入图像大小：1280 像素×720 像素。

对比结果为 PyTorch 推理用时 0.1439s，OpenVINO 推理引擎用时 0.0560s，如图 6.9 所示。

```
(openvino) F:\frige\YOLOX>python tools/demo_openvino.py image  -f exps/example/custom/yolox_voc_nano.
2022-06-06 10:58:01.286 | INFO     | __main__:main:337 - Args: Namespace(camid=0, ckpt='pth/best_ckp
oc_nano.py', experiment_name='yolox_voc_nano', fp16=False, fuse=False, legacy=False, name=None, nms=
2022-06-06 10:58:01.552 | INFO     | __main__:main:347 - Model Summary: Params: 0.90M, Gflops: 1.05
2022-06-06 10:58:01.555 | INFO     | __main__:main:361 - loading checkpoint
2022-06-06 10:58:01.824 | INFO     | __main__:main:365 - loaded checkpoint done.
2022-06-06 10:58:02.000 | INFO     | __main__:inference:180 - Infer time with torch: 0.1439s
2022-06-06 10:58:02.474 | INFO     | __main__:inference:214 - Infer time with openvino ie: 0.0560s
[[497.0, 420.0, 2, 0], [773.5, 27.5, 2, 0]]
2022-06-06 10:58:02.527 | INFO     | __main__:image_demo:276 - Saving detection result in ./YOLOX_ou

(openvino) F:\frige\YOLOX>_
```

图 6.9 加速性能对比

可见经过 OpenVINO 优化过的模型推理速度有了明显的提升。

6.4.4 存取动作判断

利用保存的每帧图像的食材类别、bbox 中心点坐标和帧序号进行存取动作判断，主要思路如下。

（1）维护一个列表 last_pos，用于保存上一帧图像的食材类别、bbox 中心点坐标和最后更新帧序号。

（2）获取当前帧的 bbox 中心点坐标、对应食材类别和帧序号。

（3）计算当前帧所有 bbox 与 last_pos 中所有 bbox 的距离，并保存最小值以及 last_pos 中对应的 bbox 的帧序号。

（4）将此最小值与距离阈值比较，如果小于阈值，则更新 last_pos 中对应 bbox 的中心点坐标，并将最后更新帧序号设置为当前帧序号；如果大于阈值，则将此 bbox 插入 last_pos，并将最后更新帧序号设置为当前帧序号。

（5）当前帧的所有 bbox 处理完成后，遍历 last_pos，检查其中所有 bbox 的最后更新帧序号，如果小于当前帧序号-20（即 bbox 已 20 帧未更新），转（6），否则转（7）。

（6）如果 bbox 的 *y* 坐标处于上下边界，则从 last_pos 中删除此 bbox，对应食材数量+1 或-1。

（7）处理下一帧图像。

存取动作判断的流程如图 6.10 所示。

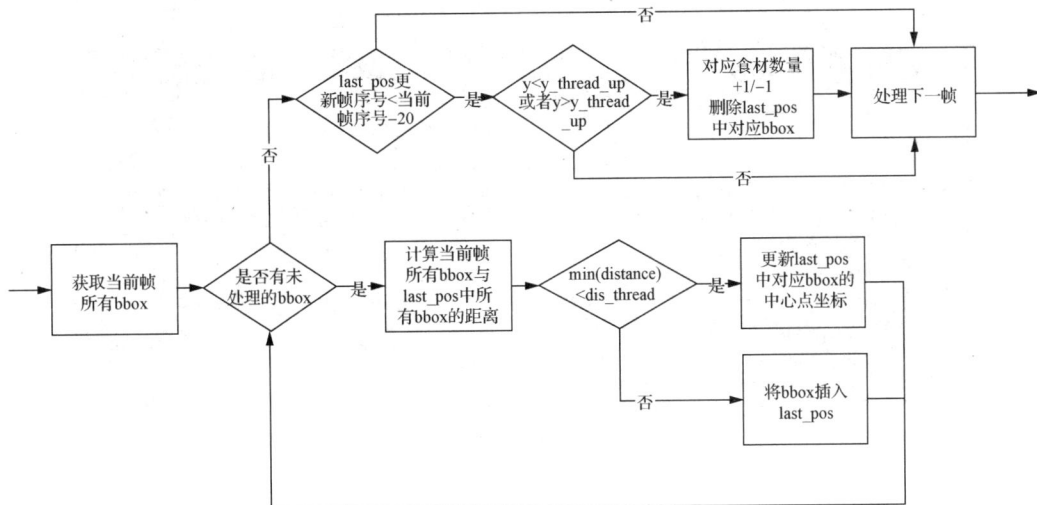

图 6.10　存取动作判断的流程

存取动作判断的核心代码如下。

（1）更新 last_pos

```
# 更新 last_pos
if last_pos == []:
    last_pos.append([x_center,y_center,cls_id,frame_idx])
else:
    min = 10000
    min_idx = -1
    for j in range(len(last_pos)):
            distance = abs(last_pos[j][0]-x_center) + abs(last_pos[j][1]-y_center)
        if distance < min:
            min = distance
            min_idx = j
    if min < 150:
        last_pos[min_idx][0] = x_center
        last_pos[min_idx][1] = y_center
        last_pos[min_idx][3] += 1
    else:
        last_pos.append([x_center,y_center,cls_id,frame_idx])
```

（2）判断存取动作并对食材数量进行增减

```
# 取出或放入
for item in last_pos:
    if item[3] < frame_idx - 20:
        if item[1] < 300:
            text_act.append(class_names[item[2]]+':+1')
            class_num_dict[class_names[item[2]]] += 1
        if item[1] > 500:
            text_act.append(class_names[item[2]]+':-1')
            class_num_dict[class_names[item[2]]] += 1
        last_pos.remove(item)
```

使用橙子、胡萝卜、生菜 3 种食材进行存入和取出冰箱的测试。使用冰箱上方摄像头拍摄存取动作，并进行存取动作判断。判断存入时，在视频左上方显示对应食材数量加 1；判断取出时，在视频左上方显示对应食材数量减 1，如图 6.11 所示。

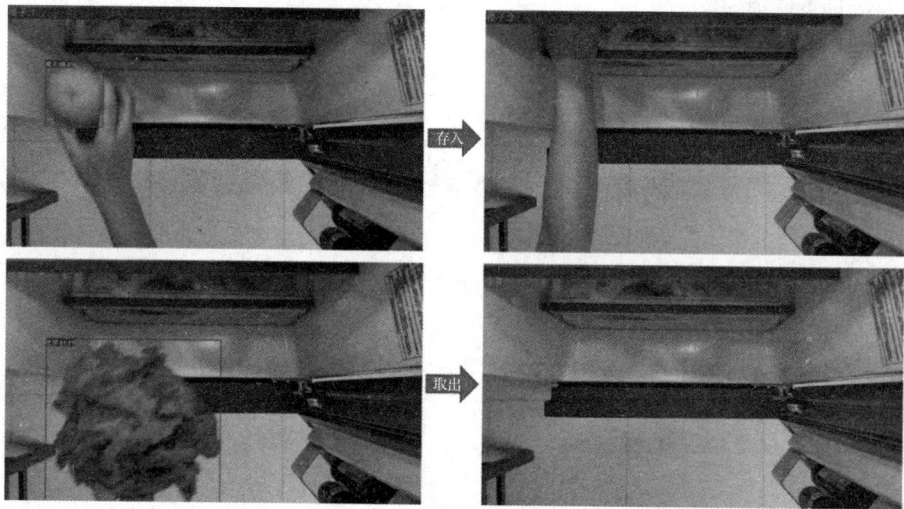

图 6.11　存取判断结果示意

思考题

（1）目标检测的训练样本如何进行数据增强？

（2）在实际应用中，如何选择合适的目标检测算法？

（3）目标检测中如何对小物体进行识别？

（4）如何提高目标检测模型的推理速度？

（5）目标检测中如何兼顾检测质量和速度？

第 7 章
集体照人脸识别

【本章导读】

　　本章针对打印集体照参与者名字的需求，通过人脸识别模型识别参与集体照拍摄的每个人，并将姓名按照顺序打印。对于少数人脸部分遮挡引起的识别错误或不能识别的问题，可以采集含有被遮挡人脸的图片，经标注、预处理后，对现有的人脸识别模型进行微调。为了低代码实现上述过程，本章使用 ModelScope 平台，并在其创空间上实现原型。

传统的确认集体照参与者的方式通常是手动标注或逐一确认，效率低下且容易出错。人脸识别技术的出现为集体照中的人脸识别问题提供了高效、准确的解决方案。它不仅提高了集体照的质量和识别率，还大大减少了手动标注和确认的工作量。

在本案例中，使用 DamoFD 模型进行人脸检测，然后使用 CurricularFace 模型进行人脸识别。在拍摄集体照时，系统可以自动检测和识别每个人的脸部，并将识别到的人脸编码与已知的人脸编码进行比较，从而获取人脸对应的人名。

此外，为了灵活展示，本案例将应用发布到 ModelScope 上。ModelScope 是阿里云研发的模型开放平台，提供了大量的工业级深度学习预训练模型，用户可以轻松找到并使用各种预训练模型进行二次开发或直接将其应用到实际场景中。

7.1　数据采集

本案例基于 DamoFD 模型进行人脸检测，它虽然可以更加精准地检测人脸目标，但是当人脸被遮住时可能表现不佳。为了处理集体照中人脸被遮挡的情况，需要对 DamoFD 模型进行微调训练。本案例采集了含有被遮挡人脸的图片，主要是人物戴着口罩以及用手遮住嘴巴的图片。采集后对图片进行预处理，去除质量差、内容不符的图片。处理后的图片有几百张，如图 7.1 所示。

图 7.1　数据采集

在处理完图片后，需要对图片进行人工标注，人工标注是一件既费时又费力的工作。本案例采用 labelImg 进行标注，它是一款轻量化的目标检测标注工具，操作简单且功能完善。在目标检测领域，经常需要标注数据样本，一般采用此工具进行标注。labelImg 标注界面如图 7.2 所示。

labelImg 支持的标注格式有 VOC 格式和 YOLO 格式。相比 VOC 格式，YOLO 格式更加简单，因此本案例选择 YOLO 格式。在对一张图片进行标注后，会自动生成一个与图片名相同的 TXT 文件。

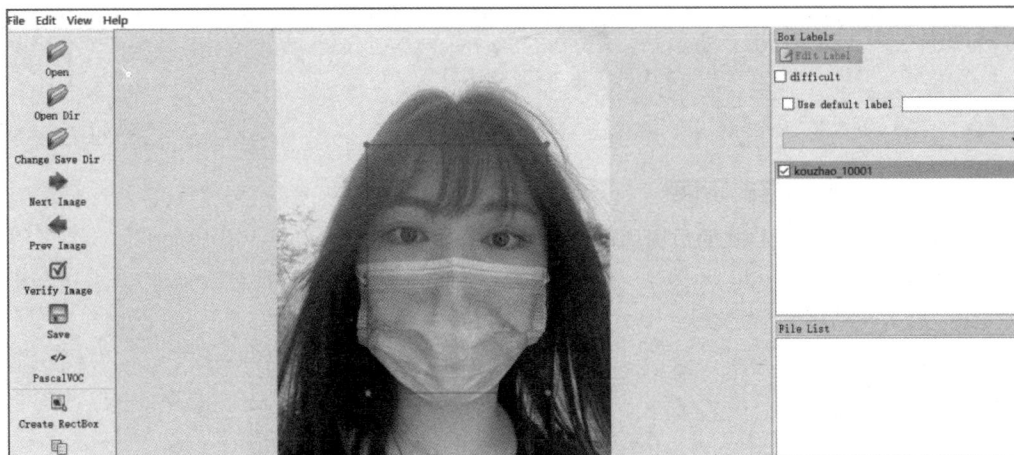

图 7.2　labelImg 标注界面

```
0 0.245436 0.463758 0.297171 0.531271
0 0.692287 0.502950 0.293520 0.508542
```

每一行有 5 个数值，以空格分隔。第一个数值为边界框类别 ID，第二个和第三个数值为边界框中心点坐标，第四个和第五个数值为边界框的宽和高。此外，边界框相关数值都是以图片大小为基准的相对值，因此数值都在 0 到 1 的范围内。

7.2　数据预处理

DamoFD 模型的微调训练至少需要训练集和测试集，且数据集采用 WIDER FACE 数据集。因此首先需要将标注好的数据集按一定比例划分为训练集和测试集。然后将 YOLO 格式转换为 DamoFD 模型需要的格式。

7.2.1　数据集划分

将标注后的 YOLO 格式的数据集按 8∶2 的比例划分为训练集和测试集。代码如下。

```
def img2label_paths(img_paths):
    sa, sb = os.sep + 'images' + os.sep, os.sep + 'labels' + os.sep
    return ['txt'.join(x.replace(sa, sb, 1).rsplit(x.split('.')[-1], 1)) for x in
img_paths]
def split(dst_dir, img_paths, lb_paths):
    for img_path, lb_path in zip(img_paths, lb_paths):
        name = os.path.basename(img_path)
        name, _ = os.path.splitext(name)
        new_img_path = os.path.join(dst_dir, 'images', f'{name}.jpg')
        new_lb_path = os.path.join(dst_dir, 'labels', f'{name}.txt')
        shutil.copyfile(img_path, new_img_path)
        shutil.copyfile(lb_path, new_lb_path)
img_paths = []
for src_dir in src_dirs:
    temp_paths = glob.glob(os.path.join(src_dir, 'images', '**.jpg'))
img_paths.extend(temp_paths)

train_img_paths = random.sample(img_paths, int(train_ratio * len(img_paths)))
train_lb_paths = img2label_paths(train_img_paths)
split(dst_train_dir, train_img_paths, train_lb_paths)
print('训练样本个数: ', len(train_img_paths))
```

```
val_img_paths = list(set(img_paths).difference(set(train_img_paths)))
val_lb_paths = img2label_paths(val_img_paths)
split(dst_val_dir, val_img_paths, val_lb_paths)
print('测试样本个数: ', len(val_img_paths))
```

7.2.2 数据集格式转换

将划分后的 YOLO 格式的数据集转换成 DamoFD 模型需要的格式。代码如下。

```python
import shutil
import glob
import os
from PIL import Image
import numpy as np
def get_box(line, w, h):
    strs = line.strip().split()
    center_x = int(float(strs[1]) * w)
    center_y = int(float(strs[2]) * h)
    w = int(float(strs[3]) * w)
    h = int(float(strs[4]) * h)
    x0 = center_x - w//2
    y0 = center_y - h//2
    x1 = center_x + w//2
    y1 = center_y + h//2
    return x0, y0, x1, y1


def read_boxes(lb_path, w, h):
    boxes = []
    with open(lb_path, 'r') as f:
        lines = f.readlines()
        for line in lines:
            box = get_box(line, w, h)
            boxes.append(box)
    return boxes


def save_lines(lines):
    labels_path = os.path.join(wider_dir, 'labelv2.txt')
    with open(labels_path, 'w') as f:
        for line in lines:
            f.write(line+'\n')
wider_dir = 'wider_custom/wider_train'
img_dir = os.path.join(wider_dir, 'images')
lb_dir = os.path.join(wider_dir, 'labels')
lb_paths = glob.glob(os.path.join(lb_dir, '**.txt'))
lines = []
for lb_path in lb_paths:
    lb_name = os.path.basename(lb_path).split('.')[0]
    img_name = lb_name+'.jpg'
    img_path = os.path.join(img_dir, img_name)
    if not os.path.exists(img_path):
        continue
    img = Image.open(img_path)
    width, height = img.size
    boxes = read_boxes(lb_path, width, height)
    lines.append(f'# {img_name} {width} {height}')

    for box in boxes:
        lines.append(f'{box[0]} {box[1]} {box[2]} {box[3]} -1 -1 -1 -1 -1 -1 -1 -1 -1
-1 -1 -1 -1 -1 -1')
    save_lines(lines)
```

转换后得到了 DamoFD 模型需要的数据集格式，如图 7.3 所示。

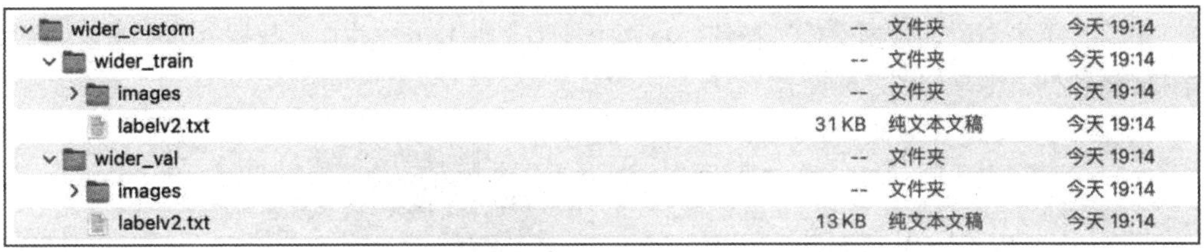

∨ 🖿 wider_custom	--	文件夹	今天 19:14
∨ 🖿 wider_train	--	文件夹	今天 19:14
> 🖿 images	--	文件夹	今天 19:14
🖹 labelv2.txt	31 KB	纯文本文稿	今天 19:14
∨ 🖿 wider_val	--	文件夹	今天 19:14
> 🖿 images	--	文件夹	今天 19:14
🖹 labelv2.txt	13 KB	纯文本文稿	今天 19:14

图 7.3　得到 DamoFD 模型需要的数据集格式

其中，wider_train 为训练集文件夹，wider_val 为测试集文件夹。labelv2.txt 为对应数据集的标注信息，内容如图 7.4 所示。其中，以 "#" 开头表示当前行存有图片文件相对路径，路径后面两个数值分别是图片的宽和高。"#" 下面的一行代表图中的人脸标注信息，前面 4 个数值分别代表左上角坐标和右下角坐标，后面的 15 个数值代表脸部关键点标注。由于本案例只对人脸检测进行训练，不需要关键点信息，因此关键点相关数值都置为-1，表示没有。

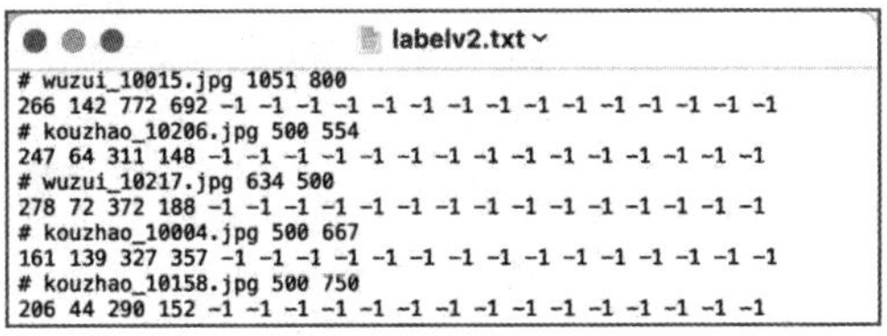

图 7.4　labelv2.txt 内容

7.2.3　创建 ModelScope 数据集

为了方便接下来的模型训练，需要将标注好的 WIDER FACE 数据集上传到 ModelScope。首先在 ModelScope 上新建数据集，如图 7.5 所示。

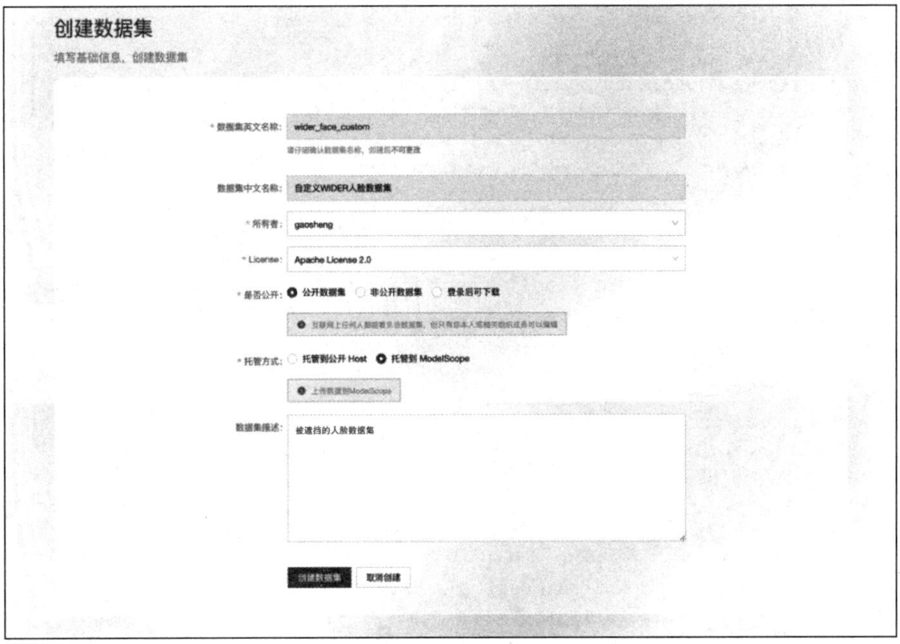

图 7.5　新建 ModelScope 数据集

然后，将 wider_train 和 wider_val 两个文件夹压缩，得到 wider_train.zip 和 wider_val.zip 两个压缩文件。

最后，单击"添加数据文件"按钮，将两个压缩文件上传，并在元数据文件中指定训练数据和测试数据，结果如图 7.6 所示。

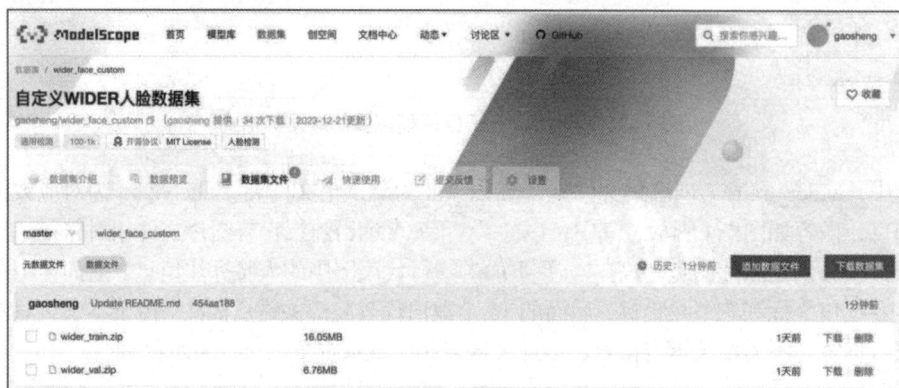

图 7.6   ModelScope 上创建的数据集

7.3   DamoFD 模型训练

本案例基于 ModelScope 框架进行模型微调训练，可以使用很少的代码训练出需要的模型。

7.3.1   模型微调

这里使用的数据集是 7.2 节创建的数据集。预训练模型在 ModelScope 中的 ID 是 "damo/cv_ddsar_face-detection_iclr23-DamoFD 模型"，该模型介绍页面中有微调示例代码，只需要将数据集替换成自己的数据集。代码如下。

```python
import os
import tempfile
from modelscope.msdatasets import MsDataset
from modelscope.metainfo import Trainers
from modelscope.trainers import build_trainer
from modelscope.hub.snapshot_download import snapshot_download
from modelscope.utils.constant import ModelFile

model_id = 'damo/cv_ddsar_face-detection_iclr23-DamoFD 模型'
ms_ds_widerface = MsDataset.load('wider_face_custom', namespace='gaosheng')
data_path = ms_ds_widerface.config_kwargs['split_config']
train_dir = data_path['train']
val_dir = data_path['validation']

def get_name(dir_name):
    names = [i for i in os.listdir(dir_name) if not i.startswith('_')]
    return names[0]

train_root = train_dir + '/' + get_name(train_dir) + '/'
val_root = val_dir + '/' + get_name(val_dir) + '/'
cache_path = snapshot_download(model_id, cache_dir = './wider2')
tmp_dir = tempfile.TemporaryDirectory().name
pretrain_epochs = 640
ft_epochs = 10
```

```
total_epochs = pretrain_epochs + ft_epochs
if not os.path.exists(tmp_dir):
os.makedirs(tmp_dir)

def _cfg_modify_fn(cfg):
   cfg.checkpoint_config.interval = 1
   cfg.log_config.interval = 10
   cfg.evaluation.interval = 1
   cfg.data.workers_per_gpu = 1
   cfg.data.samples_per_gpu = 4
   return cfg
kwargs = dict(
   cfg_file=os.path.join(cache_path, 'DamoFD模型_lms.py'),
   save_pretrained=True,
   work_dir="./wider",
   train_root=train_root,
   model_dir = '.wider',
   val_root=val_root,
   resume_from=os.path.join(cache_path, ModelFile.TORCH_MODEL_FILE),
   total_epochs=total_epochs,
   cfg_modify_fn=_cfg_modify_fn)
trainer = build_trainer(name=Trainers.face_detection_scrfd, default_args=kwargs)
trainer.train()
```

其中，ft_epochs 表示微调训练的轮次；work_dir 表示工作目录，训练结果将保存到此目录中。其他配置可保持不变，也可根据实际需要进行调整。训练结束后可得到本次训练的最佳模型文件 best.pth。

7.3.2　创建 ModelScope 模型

要调用训练好的模型，需要将模型上传到 ModelScope。

首先在 ModelScope 上新建模型，界面如图 7.7 所示。填写好相关信息后单击"创建模型"按钮，创建一个空的模型。

图 7.7　新建 ModelScope 模型

然后将训练得到的最佳模型文件的名称修改为 pytorch_model.pt。最后将 pytorch_model.pt 提交到模型仓库中，如图 7.8 所示。ModelScope 自动审核通过之后，模型便创建成功了。

图 7.8　ModelScope 上创建的模型

7.3.3　集体照人脸识别

集体照人脸识别主要包含以下几个步骤。

（1）人脸检测

使用训练好的模型进行人脸检测，代码如下。

```python
face_detector = pipeline(Tasks.face_detection, model='./face_detect')
detection_result = face_detector(image)
boxes = np.array(detection_result['boxes'])
scores = np.array(detection_result['scores'])
```

首先指定模型 ID，创建检测器；然后将图片传给检测器，得到检测结果。检测结果包含 boxes 和 scores 两个属性，它们是两个长度相同的数组，分别表示所有人脸边界框和检测得分。box 有 4 个值，分别代表左上角坐标和右下角坐标。score 是一个数值，代表对应 box 的检测得分。可设置检测阈值，只有当 score 值大于此阈值时才采用对应的检测结果。

人脸识别包含 3 个步骤：切割出人脸图片、对人脸图片进行编码以及根据编码找到人名。

（2）切割出人脸图片

根据人脸检测得到的人脸边界框，在集体照中切割出人脸图片，代码如下。

```python
def get_face_img(image, box):
    w = box[2] - box[0]
    h = box[3] - box[1]
    x0 = box[0] - w//2
    if x0 < 0:
        x0 = 1
    y0 = box[1] - h//2
    if y0 < 0:
        y0 = 1
    x1 = box[2] + w//2
    if x1 > image.width:
        x1 = image.width - 1
    y1 = box[3] + h//2
    if y1 > image.height:
        y1 = image.height - 1
    return image.crop((x0, y0, x1, y1))
```

（3）对人脸图片进行编码

使用 CurricularFace 模型得到人脸图片中的人脸编码，代码如下。

```
model_id = 'damo/cv_ir101_facerecognition_cfglint'
face_recognizer = pipeline(Tasks.face_recognition, model=model_id)
embeddings = face_recognizer(face_img)['img_embedding']
    if len(embeddings) == 0:
        return None
return embeddings[0]
```

（4）根据编码找到人名

得到人脸编码后，只需要在已知人脸编码库中找到与之最接近的编码，然后输出已知人脸编码对应的人名。因此需要建立已知人脸编码库。

首先准备已知人脸的图片。每个人名对应一个文件夹，在文件夹内放入此人一张或多张图片。

然后提取每一张图片的人脸编码，将此编码与人名进行关联，从而生成已知人脸编码库。此外，可以对已知人脸编码库进行缓存，这样当已知人脸图片集没有变化的时候，可以直接使用缓存的已知人脸编码库，从而节省应用启动时生成已知人脸编码库的时间。代码如下。

```
def load_face_bank(face_folder, face_recognizer, use_cache=True):
    cache_path = 'facebank.cache'
    if use_cache and os.path.exists(cache_path):
        with open(cache_path, 'rb') as f:
            return pickle.load(f)
    bank = []
    img_paths = glob.glob(os.path.join(face_folder, '**/**.**'))
    for img_path in img_paths:
        _, ext = os.path.splitext(img_path)
        if ext not in ['.jpg', '.jpeg', '.png']:
            continue
        name = os.path.basename(os.path.dirname(img_path))
        img = Image.open(img_path)
        img = img.convert('RGB')
        # 获取人脸编码
        embeddings = face_recognizer(img)['img_embedding']
        if len(embeddings) == 0:
            continue
        bank.append({
            "name": name,
            "embedding": embeddings[0]
        })
    # 缓存已知人脸编码库
    with open(cache_path, 'wb') as f:
        pickle.dump(bank, f)
    return bank
```

将集体照中每张人脸对应的编码与已知人脸编码库中的编码进行比对。当人脸编码与已知人脸编码库中的某一已知人脸编码最接近时，此人脸对应的人名即已知人脸编码对应的人名。代码如下。

```
def get_name_sim(face_embedding, face_bank):
    name = ''
    maxSim = 0
    for face in face_bank:
        sim = np.dot(face_embedding, face['embedding'])
        if sim > maxSim:
            maxSim = sim
            name = face['name']
    return name, maxSim
```

该方法返回检测到的人脸编码对应的人名以及与已知人脸编码库中编码的最大相似度。可设置相似度阈值，只有当相似度大于此阈值时才采用对应的人名，否则认为此人脸对应的人名未知。

（5）打印集体照人名

检测完集体照中的每张人脸并获取每张人脸对应的人名后，需要确定每个人所在的排数以及在所在排中的位置，才能将人名打印在集体照上。为了确定每个人所在的排数，可以利用每张人脸的位置信息。由于同一排的人脸位置的 y 坐标较接近，而不同排的人脸位置的 y 坐标相对较远，因此可以使用 DBSCAN 算法对人脸位置的 y 坐标进行聚类。

通过 DBSCAN 算法的聚类分析，可以将人脸位置的 y 坐标进行分组，将同一排的人脸聚类在一起。这样就能够确定每个人所在的排数。接着，可以根据同一排每张人脸的 x 坐标确定其在该排的位置。

通过以上处理就可以获取每个人所在的排数以及在所在排中的位置。然后，根据这些信息将人名打印在集体照的相应位置上，完成集体照的人名标注。代码如下。

```python
def get_rows(faces):
    # 获取人脸边界框高度的平均值，作为 DBSCAN 算法的 eps 参数
    boxes = [face['box'] for face in faces]
    mean_h = get_mean_height(boxes)
    ys = [(box[1] + box[3])//2 for box in boxes]
    # 使用 y 坐标作为距离度量值
    data = np.expand_dims(np.array(ys), axis=1)
    dbscan = DBSCAN(eps=mean_h*1.2, min_samples=1)
    labels = dbscan.fit_predict(data)
    rows = []
    for i in range(max(labels)+1):
        columns = []
        top = 0
        for j in range(len(boxes)):
            if i == labels[j]:
                columns.append((boxes[j][0], j))
                top += boxes[j][1]
        # 同一排按照 x 坐标排序
        columns.sort(key=lambda x: x[0])
        rows.append((top // len(columns), [item[1] for item in columns]))
        # 不同排按照 y 坐标排序
    rows.sort(key=lambda x: x[0])
    return [row[1] for row in rows]
```

DBSCAN 算法的关键参数是 eps，本案例将人脸边界框高度的平均值作为其值。最终得到的结果是一个数组，数组长度对应集体照中的排数。数组的每一项也是数组，包含对应排的人脸。然后将人名打印到集体照上，代码如下。

```python
def draw_name(img, faces, rows):
    line_space = 40
    bottom_shift = 120
    # 使用中文字体
    font = ImageFont.truetype("Microsoft YaHei UI Bold.ttf", 30, encoding="unic")
    draw = ImageDraw.Draw(img)
    height_count = 0
    for i in rows:
        y = img.height - bottom_shift + height_count * line_space
        name_str = ''
        for j in i:
            name = faces[j]['name']
            name_str += f'{name} '
        name_str = name_str.strip()
```

```
        text_len = draw.textlength(name_str, font)
        x = (img.width - text_len) //2
        draw.text((x, y), name_str, fill=(0, 128, 0), font=font)
        height_count += 1
    return img
```

检测结果如图 7.9 所示。

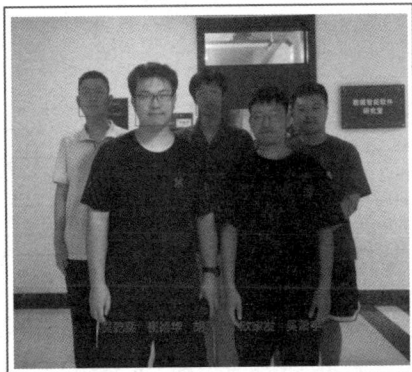

图 7.9　集体照人脸识别示例

7.4　发布到 ModelScope 的创空间上

为了更灵活地展示应用，可以将其发布到 ModelScope 的创空间上。创空间是一个创新的平台功能，为用户提供了一个自由、灵活的环境，用于展示和构建基于 AI 的应用。在创空间中，用户可以利用 ModelScope 平台上丰富的模型原子能力，根据需求自定义模型的输入/输出配置，从而实现个性化的 AI 应用。

创空间的发布功能使得展示和共享应用变得更加便捷。用户可以将自己开发的应用发布到创空间上，供他人使用和体验。这不仅可以促进知识和经验的分享，还可以为用户提供更多的参考和灵感，推动 AI 应用的创新和发展。总之，通过将应用发布到 ModelScope 的创空间上，用户可以充分利用平台的模型原子能力和自定义配置功能，实现个性化的 AI 应用。创空间的实验性环境和便捷的发布功能为用户提供了更多探索和分享的机会，推动了 AI 应用的创新和发展。

创建空间分为以下两个步骤。

（1）填写基础信息。基础信息包括空间英文名称、空间中文名称、所有者、许可证类型、是否公开和空间描述等。具体配置项说明可参考官方文件。创建页面局部如图 7.10 所示。

图 7.10　创建页面局部

（2）上传代码文件。单击"发布应用"按钮后，将相关代码文件上传到空间中。本项目 app.py 的代码如下。

```python
import gradio as gr
from modelscope.pipelines import pipeline
from modelscope.utils.constant import Tasks
from modelscope.outputs import OutputKeys
from PIL import Image
import json
import os
import numpy as np
from util import *

face_detector = pipeline(Tasks.face_detection, model='/face_detect')
model_id = 'damo/cv_ir101_facerecognition_cfglint'
face_recognizer = pipeline(Tasks.face_recognition, model=model_id)
face_bank = load_face_bank('face_bank/', face_recognizer)

def inference(img: Image, draw_detect_enabled, detect_threshold, sim_threshold):
    img = resize_img(img)
    img = img.convert('RGB')
    detection_result = face_detector(img)

    boxes = np.array(detection_result[OutputKeys.BOXES])
    scores = np.array(detection_result[OutputKeys.SCORES])
    faces = []

    for i in range(len(boxes)):
        score = scores[i]
        if score < detect_threshold:
            continue
        box = boxes[i]
        face_embedding = get_face_embedding(img, box, face_recognizer)
        name, sim = get_name_sim(face_embedding, face_bank)
        if name is None:
            continue
        if sim < sim_threshold:
            faces.append({'box': box, 'name': '未知', 'sim': sim})
        else:
            faces.append({'box': box, 'name': name, 'sim': sim})
    rows = get_rows(faces)
    row_names = get_row_names(faces, rows)
    draw_name(img, row_names)
    if draw_detect_enabled:
        draw_faces(img, faces)
    return img, get_row_names_text(row_names)

inference(Image.open('images/aqgy.jpg'), False, 0.5, 0.3)

examples = [os.path.join(os.path.dirname(__file__), 'images', img) for img in
['aqgy.jpg', 'aqgy2.jpg']]

with gr.Blocks() as demo:
    with gr.Row():
        draw_detect_enabled = gr.Checkbox(label="是否画框", value=False)
        d_threshold = gr.Slider(label="检测阈值", minimum=0, maximum=1, value=0.5)
        s_threshold = gr.Slider(label="识别阈值", minimum=0, maximum=1, value=0.3)
    with gr.Row():
        with gr.Column():
```

```
            img_input = gr.Image(type="pil")
            submit = gr.Button("提交")
        with gr.Column():
            img_output = gr.Image(type="pil")
            name_output = gr.Text()
    with gr.Row():

    submit.click(
        fn=inference,
        inputs=[img_input, draw_detect_enabled, d_threshold, s_threshold],
        outputs=[img_output, name_output])
    gr.Examples(examples, inputs=[img_input])

demo.launch()
```

编写好空间文件后，单击"设置"选项卡中的"上线空间展示"按钮，如图 7.11 所示，系统会对该空间进行部署。

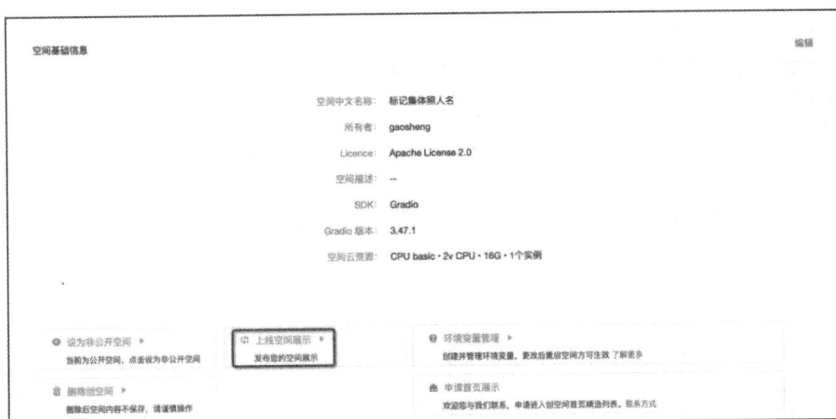

图 7.11　创空间发布

待部署完成后，空间展示一栏将展示空间效果。选择一张示例图片，或者手动上传一张图片，可以得到标记了人名的图片，效果如图 7.12 所示。

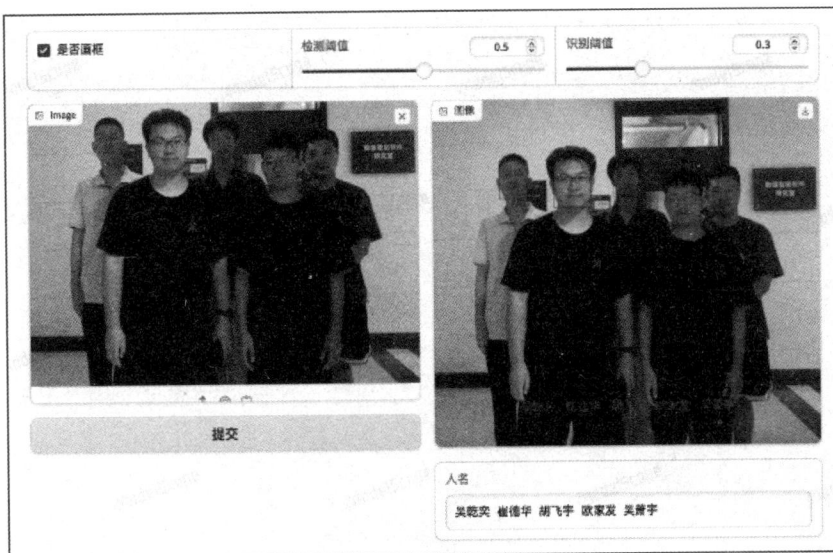

图 7.12　创空间演示

在本案例中，首先使用 CurricularFace 模型进行人脸检测和识别，以获得每个人脸的位置和姓名信息。然后根据检测到的人脸位置，计算每个人所在的排数和排内的顺序。最后，将人名打印在集体照上。

除了在本案例中的应用，人脸检测和识别技术还可以用于对集体照进行自动美颜等，进一步提升集体照的质量和美观度。通过这项技术，可以实现对人脸的自动识别和定位，从而进行个性化的美颜处理，让每个人在集体照中都能展现最好的一面。

人脸检测和识别技术满足了人们对留下美好回忆的需求，提高了集体照的质量和识别率。无论是重要的家庭聚会、团队合影还是大型活动，准确识别每个人在集体照中的位置，并在集体照上标注姓名，都能为人们留下珍贵的回忆，并提升集体照的个性化程度和纪念价值。

总而言之，人脸检测和识别技术的发展将进一步推动集体照的创新和个性化，为人们提供更好的拍摄体验，赋予集体照更高的纪念价值。

思考题

（1）简述人脸识别的原理和过程。

（2）如何从多张人脸中找到给定的人脸？

（3）对于被口罩遮挡的人脸，如何提高模型的识别能力？

（4）在集体照人群的识别中，讨论如何确定指定的人的名字。

（5）DamoFD 模型和 CurricularFace 模型有何区别？

第 8 章
遛狗牵绳智能检测

【本章导读】

本章利用业界领先的目标检测模型 DAMO-YOLO，针对如何检测遛狗时是否牵绳这一问题进行深入研究。为了训练模型，在小区、公园等场景实地拍摄遛狗图片，并从网上搜集相关图片数据，构建丰富的训练集。通过预处理和标注后，利用迁移学习的方式对模型进行训练，并根据遛狗场景的特点进行调优。经过多次迭代训练和调整，最终得到一个能够准确识别遛狗时是否牵绳的模型。这一模型为物业和城市管理部门提供了高效的监管工具，有助于减少遛狗不牵绳的行为，从而维护社区秩序和保障公共安全。

8.1   数据采集

我国拥有极为庞大的养狗群体，每日遛狗已经成为大多数有狗家庭生活中必不可少的部分，丰富了人们的生活。我国在 2021 年通过了修订的《中华人民共和国动物防疫法》，已将遛狗时不牵绳的行为纳入了法律监管，但是就算有法律明文规定，还是有一部分人在外面遛狗时不牵绳。遛狗不牵绳的行为难以监控，通常只能通过人工识别或事后查看录像的方式来处理，不仅成本高，而且效率低下。因此需要一个能自动、准确地识别遛狗时的违规行为的系统来有效地解决这个问题。

本案例采用 DAMO-YOLO 模型，针对遛狗行为进行识别和监管。首先，在小区、公园等场景实地拍摄遛狗图片，并从网上收集一些遛狗的图片数据。然后，利用迁移学习的方式，对 DAMO-YOLO 模型进行训练和调优，使其能较好地识别遛狗行为。经过训练和调优后，该模型能够有效地识别遛狗时是否牵绳。通过对监控摄像头或者手机拍摄的图片进行分析，模型能够准确地判断出遛狗者是否遵守牵绳规定。这一技术的应用可以有效提升物业和城市管理部门的监管效率，减少并遏制遛狗不牵绳的行为，有助于提高城市管理的效率，维护公共秩序，保障公共安全，促进城市发展。

通过多种方式进行数据采集，包括实地拍摄、网络爬取、从视频中提取图片等方式，然后将所采集的数据进行预处理，删除质量差的、内容不符的图片。数据集中遛狗牵绳与不牵绳的数据样本数量不能相差太多，而且狗的品类要均匀，不然容易造成数据不平衡，导致训练结果不理想。处理后得到的数据集包含几百张遛狗牵绳和不牵绳的图片，如图 8.1 所示。

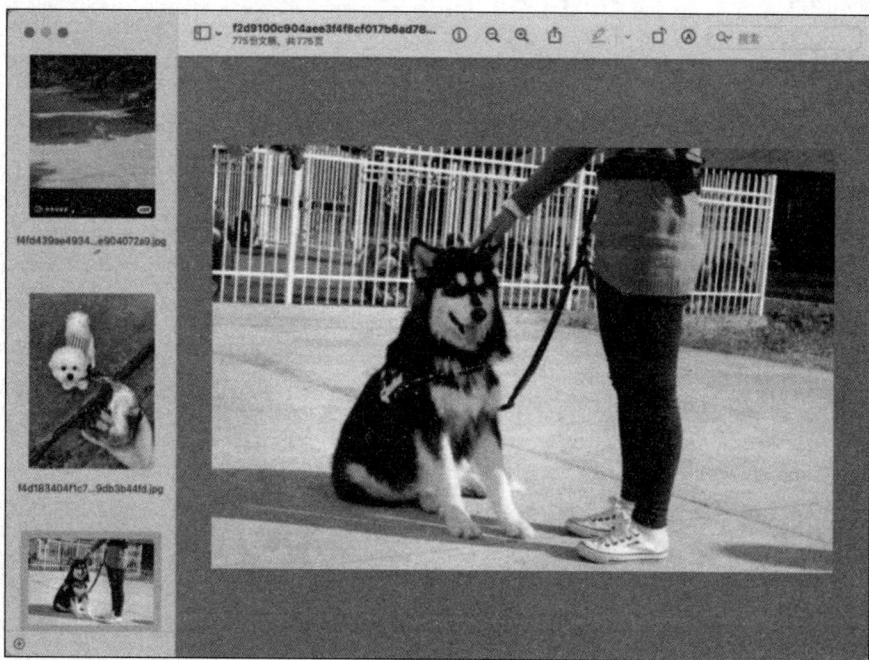

图 8.1   遛狗数据采集

在训练模型之前，需要对数据集进行标注，标注图像的目标位置和类别。Label Studio 是一个灵活的数据标注工具，支持多种类型的数据标注。它是开源的，可以用于标注文本、音频、图像和视频等各种数据。使用 Label Studio 可以快速、便捷地创建自己的训练集。标注完成之后，可以直接将数据集导出，Label Studio 的导出功能支持多种常见的数据集格式，例如 COCO、

VOC、YOLO 等格式。DAMO-YOLO 模型只支持 COCO 格式的数据集，因此直接导出 COCO 格式的数据集。Label Studio 的标注界面如图 8.2 所示。

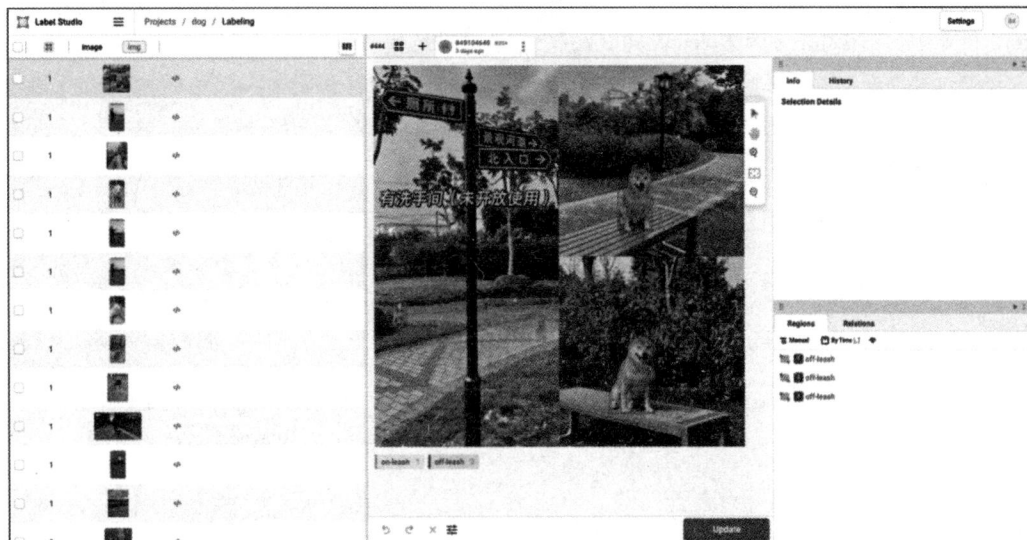

图 8.2　Label Studio 的标注界面

COCO 数据集的标注文件格式如下所示。

```
{
"annotations":[
    {"area":111300,"bbox":[34,63,525,12],
"category_id":1,
    "id":2,
    "ignore":0,
    "image_id":1,
    "iscrowd":0,
      "segmentation":[]
  }
],
"categories":[
    {"id":0,
    "name":"DOG"
    },
    {"id":1,
    "name":"ROPE"
    }
],
"images":[
    {"file_name":"055a092f09b507a303ca816b146b357f5650e1599de5e30449710f6323976cd2.jpeg",
    "height":560,
    "id":1,
    "width":750
      }
],
"info":{
    "contributor":"Label Studio",
    "date_created":"2023-12-29 08:14:24.716203",
    "description":"",
    "url":"",
    "version":"1.0",
    "year":2023
```

```
        },
    "licenses":"apach2"
}
```

在训练程序的根目录下创建用于存储训练数据的文件夹 data，将标注好的数据和图片放到该文件夹中。下面的代码可以把标注的数据集划分成训练集和测试集。

```python
import json
import argparse
import funcy
from skmultilearn.model_selection import iterative_train_test_split
import numpy as np

def save_coco(file, info, licenses, images, annotations, categories):
    with open(file, 'wt', encoding='UTF-8') as coco:
        json.dump({'info': info, 'licenses': licenses, 'images': images, 'annotations':
annotations, 'categories': categories}, coco, indent=2, sort_keys=True)

    def filter_images(images, annotations):
        annotation_ids = funcy.lmap(lambda i: int(i['image_id']), annotations)
        return funcy.lfilter(lambda a: int(a['id']) in annotation_ids, images)

parser = argparse.ArgumentParser()
# COCO 数据集的标注文件
parser.add_argument('annotations', metavar='coco_annotations', type=str, help='Path
to COCO annotations file.')
# 要生成的训练标注文件
parser.add_argument('train', type=str, help='Where to store COCO training
annotations')
# 要生成的测试标注文件
parser.add_argument('test', type=str, help='Where to store COCO test annotations')
# 训练集和测试集的划分比例
parser.add_argument('-s', dest='split', type=float, required=True, help="A percentage
of a split; a number in (0, 1)")
args = parser.parse_args()
with open(args.annotations, 'rt', encoding='UTF-8') as annotations:
    coco = json.load(annotations)
    info = coco['info']
    licenses = coco.get('licenses', "apach2")
    images = coco['images']
    annotations = coco['annotations']
    categories = coco['categories']
    number_of_images = len(images)
    images_with_annotations = funcy.lmap(lambda a: int(a['image_id']), annotations)
    images = funcy.lremove(lambda i: i['id'] not in images_with_annotations, images)
    annotation_categories = funcy.lmap(lambda a: int(a['category_id']), annotations)
    annotation_categories = funcy.lremove(lambda i: annotation_categories.count(i) <= 1,
annotation_categories)
    annotations = funcy.lremove(lambda i: i['category_id'] not in annotation_categories,
annotations)
    X_train, y_train, X_test, y_test = iterative_train_test_split(np.array
([annotations]).T, np.array([annotation_categories]).T, test_size=1 - args.split)
    save_coco(args.train, info, licenses, filter_images(images, X_train.reshape(-1)),
X_train.reshape(-1).tolist(), categories)
    save_coco(args.test, info, licenses, filter_images(images, X_test.reshape(-1)),
X_test.reshape(-1).tolist(), categories)
    print("Saved {} entries in {} and {} in {}".format(len(X_train), args.train,
len(X_test), args.test))
```

运行后则会生成两个文件，train.json 是训练的标注文件，test.json 是测试的标注文件，最终 data 文件夹的内容如图 8.3 所示。

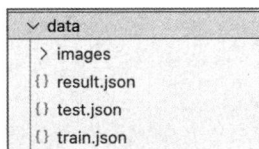

图 8.3 data 文件夹的内容

8.2 数据预处理

数据集划分完成后，需要对数据进行一系列的预处理，以提高模型的训练效果。这些预处理包括马赛克增强、混合增强、旋转、平移、剪切等操作。马赛克增强是一种将多张图像拼接成一张新图像的方法，增加了数据的多样性和复杂性。混合增强则是通过将两张图像进行线性混合，生成新的训练样本，以增强模型对不同样本的泛化能力。旋转、平移和剪切等操作可以模拟实际场景中的变化，使模型更具稳健性。通过这些预处理，可以增加数据的多样性、扩大数据集的规模，并提升模型的稳健性和泛化能力。

在迁移学习训练中，采用了 ModelScope 框架。该框架内置了一些预处理器，具备对图像进行各种预处理的能力。在训练过程中，配置好预处理的配置文件即可自动使用预处理器对数据进行处理。

通过 ModelScope 的预处理器，可以方便地在训练过程中进行这些预处理操作，提高数据的多样性和质量。这种自动化的预处理方式能够减轻开发人员的工作负担，同时提高模型训练的效率和准确性。

训练所使用的预处理配置文件内容如下。

```
"preprocessor": {
    "train": {
        "mosaic_mixup": {
            "mosaic_prob": 0.5,
            "mosaic_scale": [0.5, 1.5],
            "mosaic_size": [640, 640],
            "mixup_prob": 0.2,
            "mixup_scale": [0.5, 1.5],
            "degrees": 10.0,
            "translate": 0.1,
            "shear": 2.0
        },
        "transform": {
            "image_mean": [0.0, 0.0, 0.0],
            "image_std": [1.0, 1.0, 1.0],
            "image_max_range": [640, 640],
            "flip_prob": 0.5,
            "autoaug_dict": {
                "box_prob": 0.5,
                "num_subpolicies": 3,
                "scale_splits": [2048, 10240, 51200],
                "autoaug_params": [6, 9, 5, 3, 3, 4, 2, 4, 4, 4, 5, 2, 4, 1, 4, 2,6,
4, 2, 2, 2, 6, 2, 2, 2, 0, 5, 1, 3, 0, 8, 5, 2, 8, 7, 5, 1, 3, 3, 3]
            }
        }
    },
    "evaluation": {
        "transform": {
            "image_mean": [0.0, 0.0, 0.0],
            "image_std": [1.0, 1.0, 1.0],
```

```
                    "image_max_range": [640, 640],
                    "flip_prob": 0.0
                }
            }
        }
```

这个配置文件定义了数据预处理器的配置，train 指的是训练时的预处理，evaluation 指的是评估时的预处理。下面针对训练时的预处理参数做具体解释。

（1）mosaic_prob：表示训练图像有 50%的概率应用马赛克增强，这是一种数据增强技术，通过拼接多张图像创建一张合成图像，以改善模型对不同对象的定位能力。

（2）mosaic_scale：指定进行马赛克增强的图像缩放范围为[0.5,1.5]，增加了图像中对象大小的多样性，有助于提高模型的尺度不变性。

（3）mosaic_size：设置需要增强的图像大小为 640 像素×640 像素，确保输入模型的图像大小一致。

（4）mixup_prob：设置有 20%的概率使用混合增强。混合增强通过加权方式结合两张图像，通过创建混合图像来提高模型的泛化能力。

（5）mixup_scale：类似于 mosaic_scale，范围[0.5,1.5]定义了图像混合的比例，影响图像的结合方式。

（6）degrees：允许训练图像至多旋转 10°。该参数能帮助模型学习不同角度的图像。

（7）translate：值为 0.1 时允许图像在垂直和水平方向上至多进行 10%的平移，增加位置的多样性。

（8）shear：值为 2.0 时图像可以剪切 2°，引入一种扭曲形式，可以使训练模型对输入图像的这种变化具有更高的稳健性。

（9）image_mean：设置图像的平均值为[0.0, 0.0, 0.0]，用于图像标准化处理，通常与图像的像素值相减，消除图像的均值偏差。

（10）image_std：设置图像标准化的标准差为[1.0, 1.0, 1.0]，用于改变图像的像素值，以便不同的图像具有相似的数据分布。

（11）image_max_range：定义图像的最大尺寸范围为[640, 640]，限制图像的大小，确保模型处理的一致性。

（12）flip_prob：设置图像随机翻转的概率为 0.5，表示有 50%的图像会在训练过程中进行水平翻转，增加训练数据的多样性。

（13）autoaug_dict：自动增强字典，定义了一系列的自动数据增强策略。

① box_prob：设置自动增强时选择特定增强操作的概率为 0.5。

② num_subpolicies：定义了自动增强时使用的子策略数量为 3。

③ scale_splits：列出了应用自动增强策略时不同尺度的划分点。

④ autoaug_params：提供了一系列的自动增强参数，用于调整自动增强操作的具体方式和强度。

这些预处理操作有效地增加了数据样本的多样性和模型的稳健性。

8.3　DAMO-YOLO 模型训练

本案例基于 DAMO-YOLO 模型，使用 ModelScope 框架来进行迁移学习训练。DAMO-YOLO 是一个比较新的目标边界框架，在检测速度和精度之间实现了优秀的平衡。它在传统的 YOLO 框架的基础上引入了多项改进，使其在保持高速推理的同时达到了目前比较高的性能水平。

DAMO-YOLO 的关键改进包括如下几点。

（1）NAS 搜索高效骨干网络：利用名为 MAE-NAS 的网络架构搜索技术，在保证低延迟和高性能的约束条件下搜索到一个高效的骨干网络。这个网络结合了 SPP 和 Focus 模块的类 ResNet/CSP 架构，这两个模块有助于提取更加丰富的特征，对提高模型的识别能力至关重要。

（2）RepGFPN+轻量头：DAMO-YOLO 引入了高斯全景金字塔网络（RepGFPN）和高效层聚合网络结构，并通过重参数化技术进行了优化升级。这种结构可以提升特征融合的效率，同时保持模型头部的结构简洁，降低计算成本。

（3）AlignedOTA：AlignedOTA（Aligned Optimal Transport Assignment，对齐最优运输分配）用于解决目标检测中的标签分配不对齐问题。这个方法可以更精确地匹配预测框和真实框，从而提高分类的准确性。

（4）蒸馏增强：DAMO-YOLO 还利用了知识蒸馏技术来提高模型性能。知识蒸馏是一种模型压缩技术，通过从大型、高性能模型转移知识到小型模型来提升后者的性能，在 DAMO-YOLO 中用于进一步提高检测器的准确性。

除了上述的技术改进，DAMO-YOLO 还提供了高效的训练策略和易于部署的工具，使其能够迅速解决实际工业应用中的问题。综上所述，DAMO-YOLO 是一个性能卓越且实用的目标检测解决方案，适用于需要实时、准确检测的场景，特别适合用于检测遛狗是否牵绳的任务。

在开始训练之前，通过命令"git clone 网址"下载模型仓库，其中 damoyolo_tinynasL25_S.pt 文件是预训练的模型文件。模型迁移学习训练的代码如下。

```python
from modelscope.metainfo import Trainers
from modelscope.trainers import build_trainer
import os
cache_path = 'cv_tinynas_object-detection_damoyolo'
kwargs = dict(
 cfg_file=os.path.join(cache_path,'configuration.json'),
gpu_ids=[0,],
    batch_size=64,      # 代表一次训练完 64 张图，进行一次权重更新
    max_epochs=300,     # 最大轮次 300 轮
    num_classes=2,      # 目标的分类数
load_pretrain=True,
# 指定预训练模型，该预训练模型需要放置在 cache_path 目录下
# 只有 load_pretrain=True，该配置才生效
pretrain_model=os.path.join(cache_path,'damoyolo_tinynasL25_S.pt'),
    base_lr_per_img=0.001,
cache_path=cache_path,
# 训练图片路径
train_image_dir='data/images',
# 测试图片路径
    val_image_dir='data/images',
# 训练标注文件路径
    train_ann='data/train.json',
# 测试标注文件路径
 val_ann='data/test.json',
work_dir='./workdirs',
)
trainer = build_trainer(
    name=Trainers.tinynas_damoyolo, default_args=kwargs)
trainer.train()
trainer.evaluate(checkpoint_path=os.path.join(cache_path, 'damoyolo_tinynasL25_
S.pt')) # 测试模型精度
```

　　对迁移学习训练脚本进行参数调整。先设置训练图片的路径、训练标注文件的路径、测试图片的路径、测试标注文件的路径，再把 num_classes 改成数据集里总的分类数，本次训练分类数为 2；batch_size 这里更改成 64，如果显存不够，可以适当减小；max_epochs 这里设为 300，可以根据训练情况进行调整。调整完成之后，直接在根目录运行训练的脚本，训练过程如图 8.4 所示。

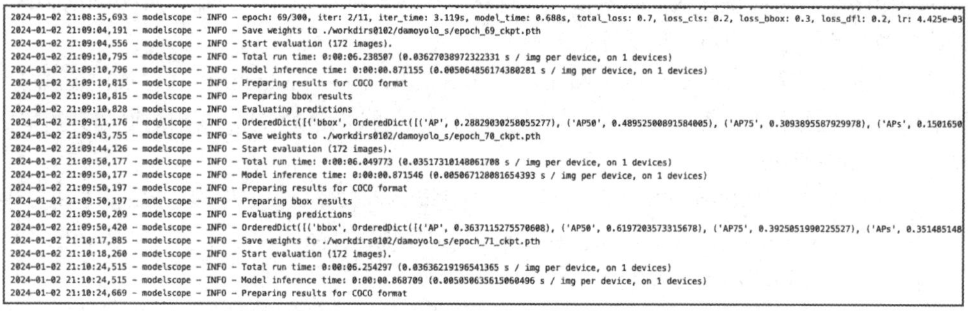

```
2024-01-02 21:00:35,693 - modelscope - INFO - epoch: 69/300, iter: 2/11, iter_time: 3.119s, model_time: 0.688s, total_loss: 0.7, loss_cls: 0.2, loss_bbox: 0.3, loss_dfl: 0.2, lr: 4.425e-03
2024-01-02 21:09:04,191 - modelscope - INFO - Save weights to ./workdirs0102/damoyolo_s/epoch_69_ckpt.pth
2024-01-02 21:09:04,556 - modelscope - INFO - Start evaluation (172 images).
2024-01-02 21:09:10,795 - modelscope - INFO - Total run time: 0:00:06.238507 (0.03627038972322331 s / img per device, on 1 devices)
2024-01-02 21:09:10,796 - modelscope - INFO - Model inference time: 0:00:00.871155 (0.005064856174380281 s / img per device, on 1 devices)
2024-01-02 21:09:10,815 - modelscope - INFO - Preparing results for COCO format
2024-01-02 21:09:10,815 - modelscope - INFO - Preparing bbox results
2024-01-02 21:09:10,828 - modelscope - INFO - Evaluating predictions
2024-01-02 21:09:11,176 - modelscope - INFO - OrderedDict([{'bbox', OrderedDict([('AP', 0.28829030258055277), ('AP50', 0.48952500091584005), ('AP75', 0.3093895587929978), ('APs', 0.1501650
2024-01-02 21:09:43,755 - modelscope - INFO - Save weights to ./workdirs0102/damoyolo/epoch_70_ckpt.pth
2024-01-02 21:09:44,126 - modelscope - INFO - Start evaluation (172 images).
2024-01-02 21:09:50,177 - modelscope - INFO - Total run time: 0:00:06.049773 (0.03517310148061708 s / img per device, on 1 devices)
2024-01-02 21:09:50,177 - modelscope - INFO - Model inference time: 0:00:00.871546 (0.005067128081654393 s / img per device, on 1 devices)
2024-01-02 21:09:50,197 - modelscope - INFO - Preparing results for COCO format
2024-01-02 21:09:50,197 - modelscope - INFO - Preparing bbox results
2024-01-02 21:09:50,209 - modelscope - INFO - Evaluating predictions
2024-01-02 21:09:50,420 - modelscope - INFO - OrderedDict([{'bbox', OrderedDict([('AP', 0.3637115275570608), ('AP50', 0.6197203573315670), ('AP75', 0.3925051990225527), ('APs', 0.351485148
2024-01-02 21:10:17,885 - modelscope - INFO - Save weights to ./workdirs0102/damoyolo/epoch_71_ckpt.pth
2024-01-02 21:10:18,260 - modelscope - INFO - Start evaluation (172 images).
2024-01-02 21:10:24,515 - modelscope - INFO - Total run time: 0:00:06.254297 (0.03636219196541365 s / img per device, on 1 devices)
2024-01-02 21:10:24,515 - modelscope - INFO - Model inference time: 0:00:00.868709 (0.005050635615060496 s / img per device, on 1 devices)
2024-01-02 21:10:24,669 - modelscope - INFO - Preparing results for COCO format
```

图 8.4　DAMO-YOLO 模型的迁移学习训练过程

　　训练完成后会得到相应的模型文件，可以在项目根目录下的 workdirs 文件夹内找到，每个 epoch 都会产生一个模型文件，可以根据评估结果找到一个性能最好的模型文件并保存下来。

　　可以把训练好的模型文件和一些配置文件上传到 ModelScope 平台，其中需要注意的问题如下。

　　（1）不仅需要把训练好的模型文件复制到模型仓库里，而且要把之前模型仓库内的 configuration.json、damoyolo_tinynasL25_S.pt、damoyolo.py、tinynas_L25_k1kx.txt 文件复制到模型仓库里。

　　（2）修改 configuration.json 文件的配置，把 model 内 weights 的值改成训练好的模型文件名，把 model.head.num_classes 改成检测目标的分类数，这里改成 2。

　　（3）修改 damoyolo.py 文件的配置，把 model 内的 weights 的值改成训练好的模型文件名，把 model 内的 class_map 的值改成生成的 COCO 标签 PKL 文件的名字，把 ZeroHead 内的 num_classes 的值改成检测目标的分类数 2。

　　生成模型的 COCO 标签 PKL 文件，具体代码如下。

```
import pickle
def write_pkl_file(file_path, data):
    with open(file_path, 'wb') as f:
        pickle.dump(data, f)
data = {1: [{"id":0,"name":"off-leash","supercategory":"off-leash"}], 2: [{"id":1,
"name":"on-leash","supercategory":"on-leash"}]}
write_pkl_file('new_coco.pkl', data)
```

8.4　DAMO-YOLO 模型推理

　　下面将之前训练好的模型进行加载、推理，进行图片和视频的检测，推理的核心代码如下。

```
from modelscope.pipelines import pipeline
from modelscope.utils.constant import Tasks
import cv2
import os
import gradio as gr
```

```
# 加载模型推理的 pipeline
object_detect = pipeline(Tasks.image_object_detection,model='jarhmj/
walking_dog_detection_model')

RED = (0, 0, 255)
GREEN = (0, 255, 0)
COLORS = {"on-leash": GREEN, "off-leash": RED}

def draw_boxes(boxes, labels, image):
    for i, box in enumerate(boxes):
        color = COLORS[labels[i]]
        cv2.rectangle(
            image,
            (int(box[0]), int(box[1])),
            (int(box[2]), int(box[3])),
            color, 2
        )
        cv2.putText(image, labels[i], (int(box[0]), int(box[1] - 5)),
                    cv2.FONT_HERSHEY_SIMPLEX, 0.8, color, 2,
                    lineType=cv2.LINE_AA)
    return image

def process_image(image):
    image = cv2.cvtColor(image, cv2.COLOR_RGB2BGR)
    result = object_detect(image)
    image = draw_boxes(result['boxes'], result['labels'], image)
    image = cv2.cvtColor(image, cv2.COLOR_BGR2RGB)
    return image

def process_video(video):
    cap = cv2.VideoCapture(video)
    if (cap.isOpened() == False):
        print('Error while trying to read video. Please check path again')
    # 获取视频的帧数、宽度和高度信息
    frame_count = int(cap.get(cv2.CAP_PROP_FPS))
    frame_width = int(cap.get(cv2.CAP_PROP_FRAME_WIDTH))
    frame_height = int(cap.get(cv2.CAP_PROP_FRAME_HEIGHT))
    print(f"视频帧数{frame_count}")
    output_path = 'output.mp4'
    out = cv2.VideoWriter(output_path,
                          cv2.VideoWriter_fourcc(*'mp4v'), frame_count,
                          (frame_width, frame_height))
    while (cap.isOpened()):
        ret, frame = cap.read()
        if ret == True:
            result = object_detect(frame)
            image = draw_boxes(result['boxes'], result['labels'], frame)
            out.write(image)
        else:
            break
    cap.release()
    print(f"{video} done")
    return output_path
description = '''
```

上述模型可以检测出图片或视频中的狗是否套着绳子，其中 on-leash 表示套着绳子，off-leash
表示没有套着绳子。

```
'''
```

```
with gr.Blocks() as demo:
    gr.Markdown(description)
    with gr.Tab("图片"):
        with gr.Row():
            image_input = gr.Image(label="输入")
            image_output = gr.Image(label="输出")
        btn_submit = gr.Button(value="一键检测", elem_id="blue_btn")
        btn_submit.click(process_image, inputs=image_input, outputs=image_output)
        gr.Examples(
            examples=[
                os.path.join(os.path.dirname(__file__), "on-leash.jpg"),
                os.path.join(os.path.dirname(__file__), "off-leash.jpg")
            ],
            inputs=image_input
        )
    with gr.Tab("视频"):
        with gr.Row():
            vid_input = gr.Video(label="输入")
            vid_output = gr.Video(label="输出")
        btn_submit = gr.Button(value="一键检测", elem_id="blue_btn")
        btn_submit.click(process_video, inputs=vid_input, outputs=vid_output)
        gr.Examples(
            examples=[
                os.path.join(os.path.dirname(__file__), "on-leash.mp4"),
                os.path.join(os.path.dirname(__file__), "off-leash.mp4")
            ],
            inputs=vid_input
        )

demo.launch()
```

运行这段推理代码后，会直接运行一个对上传的图片或视频进行检测的原型，推理的结果如图8.5所示（读者可以补充模型在创空间的具体实现）。

图8.5　推理结果示例

在实际的场景中，可以把模型部署到带有 GPU 的服务器上，把公共场合的摄像头拍摄的监控录像实时上传到服务器，然后进行推理识别。如果检测出有遛狗没有牵绳的行为，则保存图片并发出警告，提醒监控人员对此行为进行监管。

本案例的目标是检测遛狗是否牵绳，这一目标达成后，可以在公共安全、宠物管理和智能监控等领域发挥重要作用，为遛狗安全提供了强大的技术支持。然而，模型还可以通过优化结构和训练策略来进一步提高识别的准确性。例如，引入更多的数据增强技术、调整模型的超参数、增加训练数据的多样性等。这些优化措施有助于提高模型的稳健性和泛化能力，使其在各种复杂环境下都表现出色。

思考题

（1）目标检测任务中数据的采集需要注意哪些问题？

（2）本案例的标注要注意什么问题？

（3）如何选择合适的数据增强方法？

（4）选择其他目标检测方法，与本案例使用的检测方法进行性能比较。

（5）讨论本案例性能的提高方法。

第 9 章
智能药品识别

【本章导读】

为了智能识别药品，支持智能售药机等应用，本章将使用 YOLOv5 目标检测算法，首先采集、标注药品图片，并进行多种方式的数据增强。在此基础上进行迁移学习，使 YOLOv5 模型能识别不同的药品。同时，使用光学字符识别（Optical Character Recognition，OCR）算法，使得增加新的药品时，不需要再次训练 YOLOv5 模型也能完成新药品的识别，提高药品识别的灵活性。此外，为提升模型在边缘侧检测的速度，将训练的 YOLOv5 模型转换为 ONNX 格式和算能的 fp32 模型，并进一步将其量化成 int8 模型，完成在算能平台的 TPU 硬件上加速。

　　智能售药机作为新兴的货品流通方式，具有低成本、无接触、全天候、购物方式便捷等优势。本案例将讨论一种基于目标检测和 OCR 的智能药品识别思路，旨在探索一种高实时性、轻量级的深度学习应用方法，不仅能够高精度地完成对售药机内药品的实时检测，而且在加入数据集中不存在的新药品时，无须再次训练就能识别新药品。

　　本案例基于 YOLOv5 模型，在收集、处理的数据集上使用迁移学习的方式训练药品检测模型。由于每次训练得到的目标检测模型能够识别的物体都是固定的，导致每次向售药机中添加新种类的药品时都需要重新训练一次模型。为了解决这个问题，本案例将图片文字提取和目标检测相结合，在提高目标检测准确率的同时实现灵活增补药品。

　　（1）基于 YOLOv5 目标检测算法在新收集的数据集上进行迁移学习，并在算能平台进行模型转换和量化，实现高精度和高实时性的药品识别。

　　（2）将 OCR 算法和目标检测算法相结合，利用目标检测算法提取图片特征，生成精确的边界框；利用 OCR 算法来给边界框赋予正确的药品类别，实现数据集之外的新药品识别。

　　（3）考虑到 OCR 算法实时性差的缺陷，本案例还利用视频中同一物体在前后两帧之间位移很小的特点，最大限度减少运行 OCR 算法的次数，进而保证系统的实时性不受影响。

9.1　数据采集

　　本案例使用的数据均来自拍摄。在数据采集方面，本案例拍摄药品图片共 30 张，其中包含感冒灵胶囊、头孢克肟胶囊、布洛芬缓释胶囊、连花清瘟胶囊、复方氨酚烷胺片、头孢地尼胶囊、京都念慈菴蜜炼川贝枇杷膏（以下简称京都念慈菴）等 7 种药品。药品的图片使用手机拍摄，原始图片为 HEIC 格式，本案例使用 pyheif 工具将图片格式转为更加常见的 JPG 格式。

9.2　数据预处理

　　在数据标注方面，本案例采用 labelImg 工具对图片完成边界框的标注。除了上面提到的 7 种药品之外，为了让售药机能够更加准确地识别药品，本案例还增加了"未正面放置"类别。任何药品只要侧面朝向摄像头放置，都会被分类为"未正面放置"。在补货和用户采购的时候，售药机会对如此摆放药品的用户进行提醒，要求用户将药品正面朝向摄像头摆放，以确保系统能够以更高的准确率对药品进行识别。使用 labelImg 对药品进行标注的操作界面如图 9.1 所示。

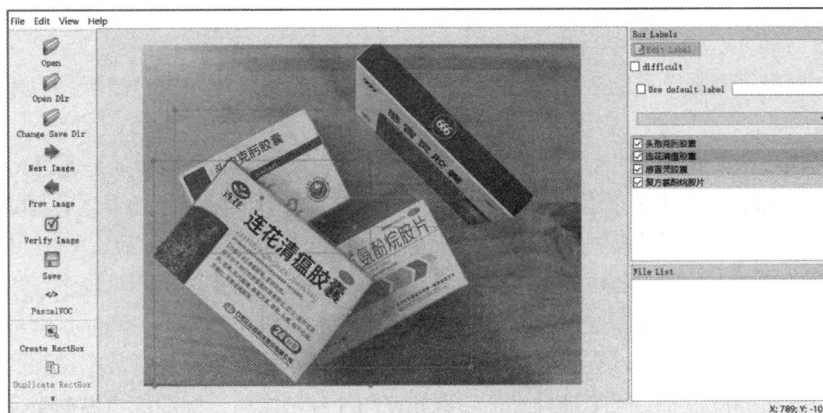

图 9.1　labelImg 软件操作界面

完成标注以后，标注数据会以 JSON 文件的形式进行保存。JSON 文件解码后的标注格式如图 9.2 所示，它记录了每个边界框对应的药品类别，以及边界框的中心点坐标和宽、高属性。

```
import json
obj = json.load(open("dataset_origin/JPG/401672196279_.pic.json", 'r', encoding=
'utf-8'))
obj[0]['annotations']
```

```
[{'label': '感冒灵胶囊',
  'coordinates': {'x': 528.5,
   'y': 348.82352941176475,
   'width': 694.0,
   'height': 492.0}},
 {'label': '头孢克肟胶囊',
  'coordinates': {'x': 1170.0,
   'y': 335.32352941176475,
   'width': 653.0,
   'height': 647.0}},
 {'label': '复方氨酚烷胺片',
  'coordinates': {'x': 499.0,
   'y': 910.8235294117649,
   'width': 747.0,
   'height': 674.0000000000001}},
 {'label': '连花清瘟胶囊',
  'coordinates': {'x': 1224.0,
   'y': 920.8235294117649,
   'width': 797.0,
   'height': 700.0000000000001}}]
```

图 9.2　标注图像的 JSON 格式

由 labelImg 软件生成的 JSON 文件并不能直接用于 YOLOv5 模型的训练，还需要将其转为 YOLO 格式的 TXT 文件。YOLO 格式即"类别序号 边界框中心点 x 相对坐标 边界框中心点 y 相对坐标 边界框相对宽度 边界框相对高度"，其中"相对"指的是相对于原图宽、高的比重。标注格式转换代码如下。

```
classes = ["感冒灵胶囊", "头孢克肟胶囊", "布洛芬缓释胶囊", "连花清瘟胶囊", "复方氨酚烷胺片",
"头孢地尼胶囊", "京都念慈菴", "未正面放置"]
def json2yolo(filenum, label, width, height):
    f = open("dataset_origin/augmentation/label/" + str(filenum).zfill(5) + ".txt", 'w')
    for annotation in label[0]['annotations']:
        x = annotation["coordinates"]["x"] / width
        y = annotation["coordinates"]["y"] / height
        w = annotation["coordinates"]["width"] / width
        h = annotation["coordinates"]["height"] / height
        class_num = classes.index(annotation["label"])
        str_box = str(class_num)+' '+format(x, '.6f')+' '+format(y, '.6f')+' '+format
(w, '.6f')+' '+format(h, '.6f')+'\n'
        f.write(str_box)
    f.close()
```

本案例的数据增强方式包括常用的色域变换、翻转、旋转以及 YOLOv5 模型自带的马赛克增强。

色域变换包括亮度、对比度、饱和度和色调变换。色域变换的数据增强是通过 torchvision.transforms.ColorJitter 类来实现的，主要是为了应对模型部署到实际应用场景之后可能面对的各种环境下的亮度、色调等因素的变化。经过色域变换后的图片如图 9.3 所示。

对数据进行随机翻转和随机旋转主要是因为在收集图片时，正放的药品较多，用这样的数据训练出来的模型很可能对侧放的药品检测性能不佳。而在真实场景下，药品是有可能以各种角度存放在售药机中的，所以有必要进行这两类数据增强。在对图片进行数据增强的同时，图片对应标注的边界框也需要同步进行修正。例如在图片翻转之后，标注的边界框坐标也要同步变化。这几类数据增强的代码如下。

图 9.3　经过色域变换后的图片

```python
import random
def random_flip(img, label):
    horizon_flip = random.uniform(0,1) >= 0.5
    vertical_flip = random.uniform(0,1) >= 0.5
    width, height = img.size
    if horizon_flip:
        img = img.transpose(Image.FLIP_LEFT_RIGHT)
        for annotation in label[0]['annotations']:
            annotation["coordinates"]["x"] = width - annotation["coordinates"]["x"]

    if vertical_flip:
        img = img.transpose(Image.FLIP_TOP_BOTTOM)
        for annotation in label[0]['annotations']:
            annotation["coordinates"]["y"] = height - annotation["coordinates"]["y"]
    return img, label

def random_rotate90(img, label):
    rotate90 = random.uniform(0,1) >= 0.5
    rotate270 = random.uniform(0,1) >= 0.5
    width, height = img.size
    if rotate90:
        # 顺时针旋转 90°
        img = img.transpose(Image.ROTATE_270)
        for annotation in label[0]['annotations']:
            org_x = annotation["coordinates"]["x"]
            org_y = annotation["coordinates"]["y"]
            org_w = annotation["coordinates"]["width"]
            org_h = annotation["coordinates"]["height"]
            annotation["coordinates"]["x"] = height - org_y
            annotation["coordinates"]["y"] = org_x
            annotation["coordinates"]["width"] = org_h
            annotation["coordinates"]["height"] = org_w
    elif rotate270:
        # 逆时针旋转 90°
        img = img.transpose(Image.ROTATE_90)
        for annotation in label[0]['annotations']:
            org_x = annotation["coordinates"]["x"]
            org_y = annotation["coordinates"]["y"]
            org_w = annotation["coordinates"]["width"]
            org_h = annotation["coordinates"]["height"]
```

```
        annotation["coordinates"]["x"] = org_y
        annotation["coordinates"]["y"] = width - org_x
        annotation["coordinates"]["width"] = org_h
        annotation["coordinates"]["height"] = org_w
    return img, label
```

马赛克增强随机挑选 4 张数据集中的图片，通过裁剪、缩放和拼接将其变成一张图片进行训练。这样的好处在于丰富了单张图片中的背景和边界框，同时给数据集增添了大量小物体的数据。本案例直接采用了 YOLOv5 模型自带的马赛克增强的代码，增强之后的图片效果如图 9.4 所示。

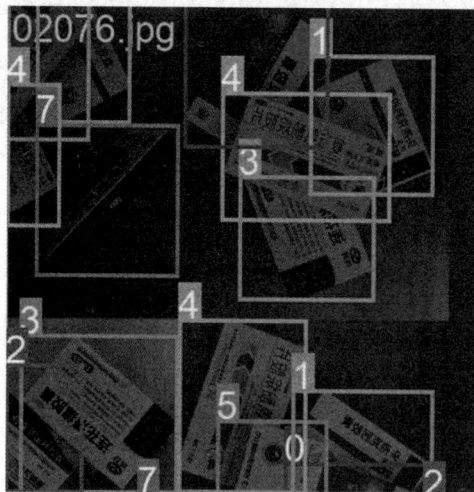

图 9.4　马赛克增强后的图片效果

本案例将原始的 30 张图片经过数据增强扩充到 3000 张，然后按照 5：1 的比例划分为训练集和测试集，即训练集 2500 张图片、测试集 500 张图片。划分方式是将 3000 张图片依次标号，然后随机打乱，取前 2500 张图片及其对应的标注作为训练集、取后 500 张图片及其对应的标注作为测试集。实现数据集划分的代码如下。

```
import random
import shutil

img_list = os.listdir("dataset_origin/augmentation/image")
img_list.sort(key = lambda x: int(x[:-4]))

random.shuffle(img_list)
for file in img_list[:2500]:
    filename = file.split('.')[0]
    img_src = "dataset_origin/augmentation/image/"+file
    img_tgt = "yolov5/data/mydataset/train/images/"+file
    shutil.copyfile(img_src, img_tgt)
    label_src = "dataset_origin/augmentation/label/"+filename+".txt"
    label_tgt = "yolov5/data/mydataset/train/labels/"+filename+".txt"
    shutil.copyfile(label_src, label_tgt)
for file in img_list[2500:]:
    filename = file.split('.')[0]
    img_src = "dataset_origin/augmentation/image/"+file
    img_tgt = "yolov5/data/mydataset/val/images/"+file
    shutil.copyfile(img_src, img_tgt)
    label_src = "dataset_origin/augmentation/label/"+filename+".txt"
    label_tgt = "yolov5/data/mydataset/val/labels/"+filename+".txt"
    shutil.copyfile(label_src, label_tgt)
```

9.3 数据集统计

经过数据预处理后，本案例统计了最终用于训练模型的数据集中每个样本类别和边界框的分布情况。统计得到的数据集中每个样本类别的分布情况如图 9.5 所示。

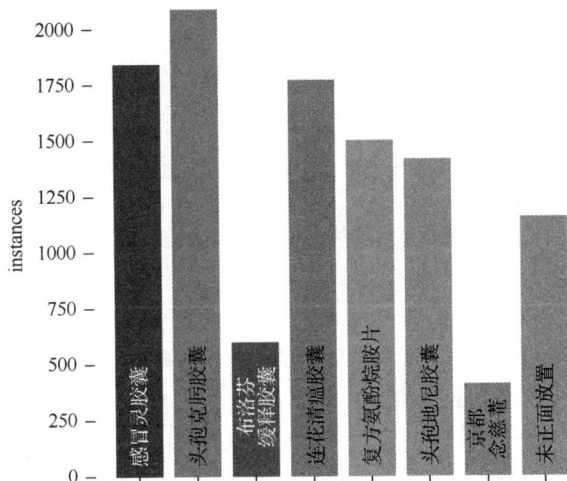

图 9.5 数据集中每个样本类别的分布情况

除了"布洛芬缓释胶囊"和"京都念慈菴"这两种药品出现次数较少之外，其他药品类别在数据集中的分布较为均匀。在收集数据的时候，本案例并没有按照每个类别出现次数相同的原则来收集，而是刻意减少了一些类别的样本数量。

此外，数据集中各样本边界框的分布情况如图 9.6 所示。

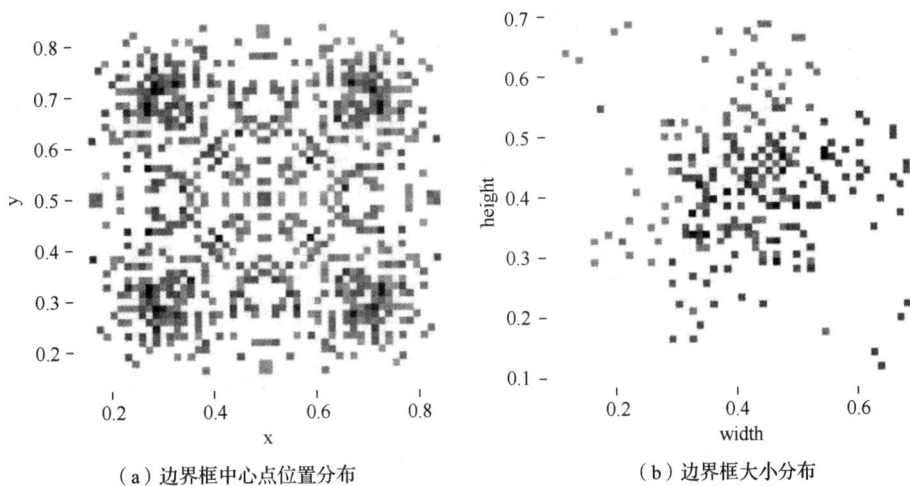

（a）边界框中心点位置分布　　　　　（b）边界框大小分布

图 9.6 数据集中各样本边界框的分布情况

由于本案例在进行数据增强时对每张图片都进行了概率为 50% 的随机翻转和旋转，因此边界框在图片横向和纵向上的位置分布都是对称的。此外，从图 9.6（a）可以看出本案例所使用的数据集中，边界框的位置以分布在图片 4 个角落居多，这是因为本案例收集数据时都是将多种药品摆放在一起拍摄，所以大多数药品的边界框都靠近图片的边缘位置。从图 9.6（b）可以看出，数据集中边界框的宽和高占图片宽和高的 40% 左右。

9.4　YOLOv5目标检测算法训练和优化

算法整体设计思路如图9.7所示，包含数据收集与预处理、模型训练、算能平台优化等环节。

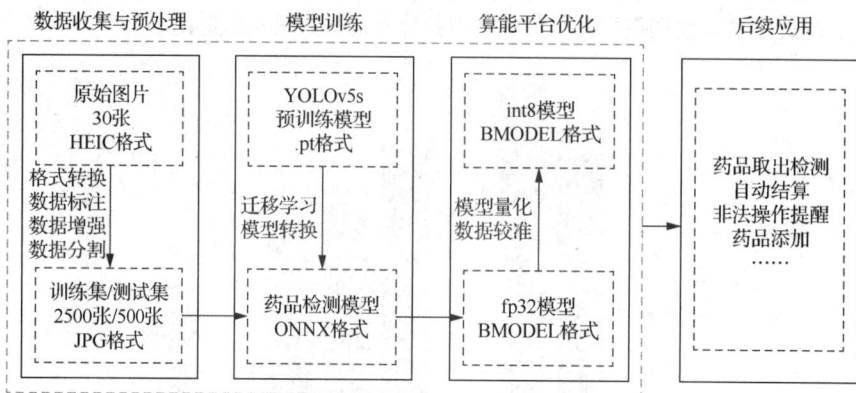

图9.7　算法整体设计思路

为了完成药品取出检测、自动结算等操作，本案例需要一个实时性强且检测精度高的目标检测算法。通过比较，选择了目前较成熟的YOLOv5目标检测算法。在YOLOv5模型的5种版本中，本案例选择了YOLOv5s模型，该模型的检测性能、体积和速度等指标较均衡。

本案例采用迁移学习的方式，对预训练的YOLOv5s模型在上述药品数据集上进行训练。迁移学习分为两个阶段：在第一个阶段，YOLOv5s模型的backbone网络参数被冻结，只对最后几层分类与检测网络的参数进行训练；在第二个阶段，模型的所有参数解冻，再重新在数据集上进行参数的微调。这样做的目的是尽可能不破坏backbone网络所提取到的图片特征，同时用尽量少的训练轮数让模型的检测能力迁移到本案例所收集的数据上来。在超参数的设定上，本案例设置批量大小为16、图片大小为640像素×640像素，并选择SGD作为优化器。

在迁移学习的第一个阶段，本案例冻结模型的backbone网络参数训练了15个epoch。训练过程中，模型在训练集、测试集上各性能指标的变化过程如图9.8所示。可以看到，box_loss、obj_loss和cls_loss的值都随着训练轮数的增加而逐渐趋近于0；而从第7轮训练开始，模型在测试集上的precision、recall、mAP_0.5、mAP_0.5:0.95这几项指标都开始趋于饱和，且趋近于1。说明在第7轮训练之后，模型就已经能够在数据集上达到一个比较好的效果。

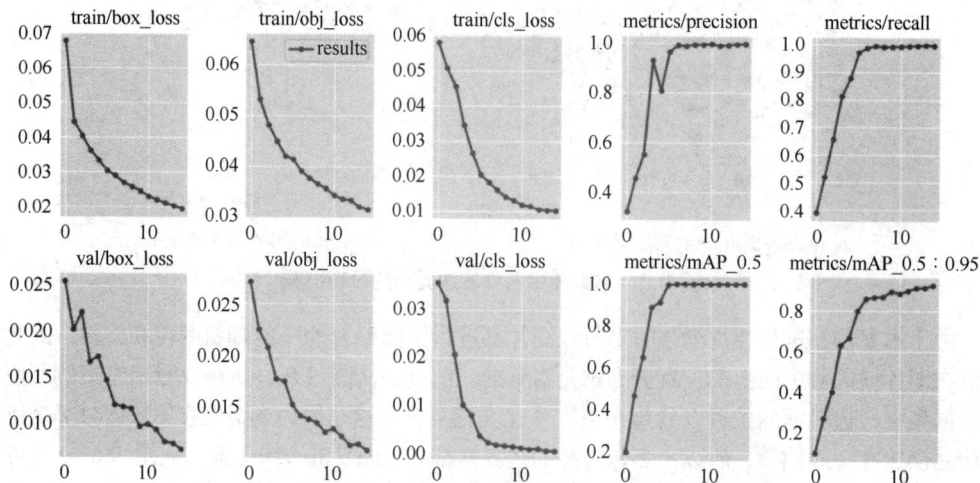

图9.8　模型在训练集和测试集上各性能指标的变化过程

在迁移学习的第二个阶段，本案例解冻所有的模型参数，重新在数据集上对模型参数进行了 5 个 epoch 的微调。微调之后，模型对各个样本类别的检测结果如图 9.9 所示。由于使用中文类别名进行训练会出现 bug，因此图中"Class"一栏使用的都是类别名的拼音或者拼音首字母组合，例如"TBKW""JDNCA"分别对应"头孢克肟"和"京都念慈菴"，"NOOOO"对应的则是"未正面放置"。

```
Validating runs/train/exp13/weights/best.pt...
Fusing layers...
Model summary: 157 layers, 7031701 parameters, 0 gradients, 15.8 GFLOPs
           Class  Images  Instances      P      R    mAP50  mAP50-95: 100%|█████████| 16/16 [00:10<00:00,  1.49it/s]
             all     500       2135  0.998  0.998    0.995    0.915
      GANMAOLING     500        363      1  0.999    0.995     0.92
            TBKW     500        412  0.998      1    0.995    0.925
             BLF     500        104  0.994      1    0.995    0.909
            LHQW     500        334      1      1    0.995     0.92
          FFAFWA     500        299  0.998      1    0.995    0.918
            TBDN     500        285  0.998  0.993    0.995    0.926
           JDNCA     500         91  0.995      1    0.995    0.917
           NOOOO     500        247      1  0.993    0.995    0.884
Results saved to runs/train/exp13
```

图 9.9　微调后模型对各个样本类别的检测结果

从图 9.9 中可以看出，所有样本类别的精度、召回率、mAP50 和 mAP50-95 几乎都在 0.9 以上，而其中"BLF""JDNCA"在精度和 mAP50-95 这两项指标上略低于其他样本类别。上述数据集的样本分布统计说明了类别样本数量少的确会降低模型对此类别的检测精度。

在分类准确率方面，模型对不同类别样本分类的混淆矩阵如图 9.10 所示。从中可以看出，模型除了会偶尔将背景和药品混淆，其他时候都能够达到很高的分类准确率。

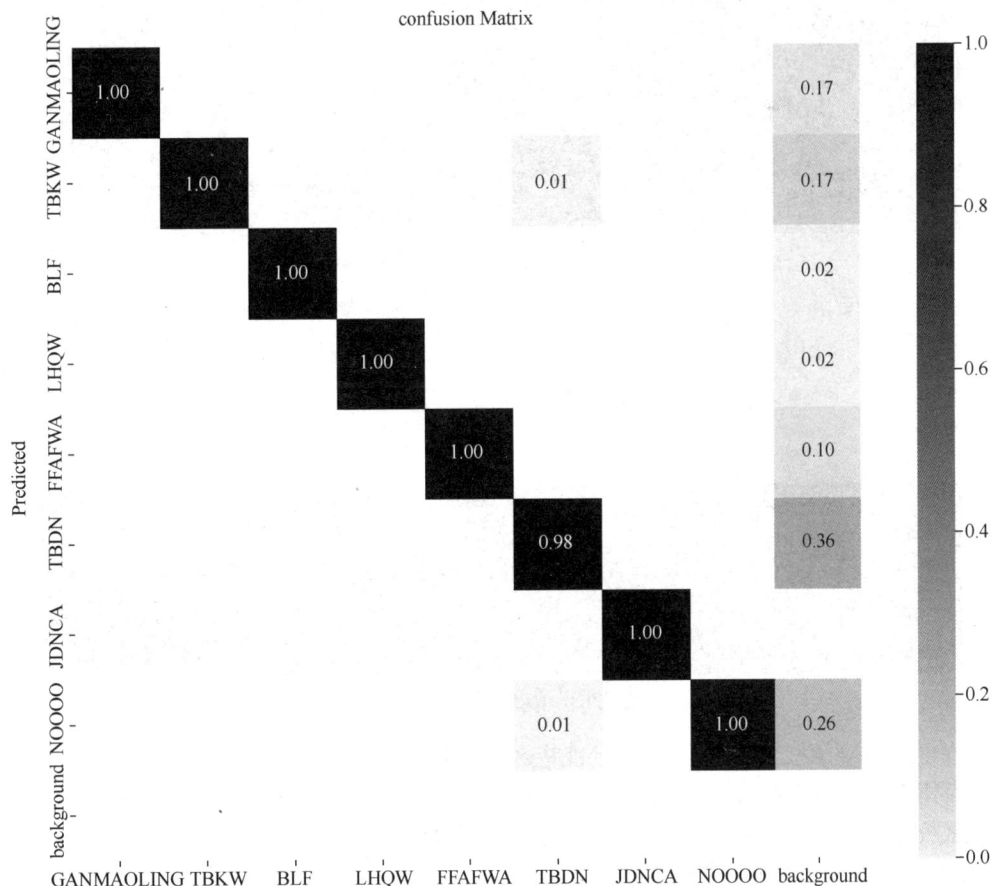

图 9.10　模型对不同类别样本分类的混淆矩阵

9.5   模型转换和推理

在将模型部署到算能平台进行优化之前，本案例需要将模型转换为 ONNX 格式。经过 ONNX 转换得到的算子可以在算能平台的 TPU 硬件上完成加速。

在算能平台完成部署需要将模型转换为 fp32 格式的.bmodel 文件，即模型的各个参数还是以 32 位浮点数的形式存储在文件中的。这一步的转换命令很简单，通过 bmneto 工具指定 ONNX 模型路径以及对应的运行模型推理的芯片型号，即可输出 fp32 格式的.bmodel 文件。转换成功后的文件目录如图 9.11 所示。

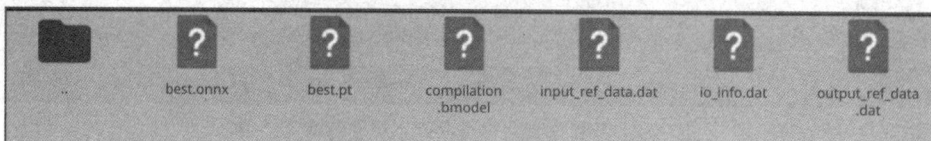

图 9.11　转换成功后的文件目录

通过 "bm_model.bin --info {bmodel 路径}" 命令可以查看转换得到的 fp32 模型属性，如图 9.12 所示。

```
t/ultralytics_yolov5/runs/train/zyxu/compilation.bmodel
bmodel version: B.2.2
chip: BM1684
create time: Fri Dec 30 17:14:21 2022

=========================================
net 0: [best.onnx]  static
-----------------------------------------
stage 0:
input: images, [1, 3, 640, 640], float32, scale: 1
output: output0, [1, 25200, 13], float32, scale: 1

device mem size: 57885824 (coeff: 28759424, instruct: 216832, runtime: 28909568)
host mem size: 0 (coeff: 0, runtime: 0)
```

图 9.12　转换得到的 fp32 模型属性

输入一张图片，让算能平台的 TPU 芯片基于转换得到的 fp32 模型进行推理，其结果如图 9.13 所示。可以看到，算能平台的 TPU 芯片执行模型推理的时间约为 0.035s，将其转换成帧率大约为 28.5 帧/秒，由于人视觉暂留的时间约为 1/24s，这样的帧率基本上满足了实时性的要求。

```
img pre cost time 0.042629241943359375
use decode data as input
input_data shape:  (1, 3, 640, 640)
(1, 25200, 13)
net cost time 0.0352931022644043
post cost time 0.00036597251892089844
(1707, 1280, 3)
=========================================
```

图 9.13　fp32 模型推理结果

在得到 fp32 模型之后，算能平台还能将这个模型进一步量化成 int8 模型，也就是模型中的参数都用 8 位整数来存储。这部分量化使用的是训练后量化的技术，所以需要一定数量的图片来完成校准。本案例从数据集中分出了 50 张图片作为校准图片，使用 "python3 -m ufw.cali.cali_model --model {ONNX 文件路径} --cali_image_path {校准集路径}" 命令将 fp32 模型转换成 int8 模型。执行校准命令后的文件目录如图 9.14 所示。

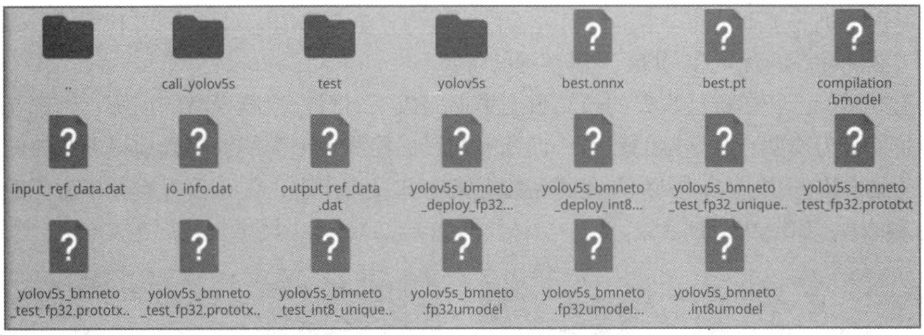

图 9.14　执行校准命令后的文件目录

通过“bm_model.bin --info {bmodel 路径}”命令可以查看转换得到的 int8 模型属性，如图 9.15 所示，比较可知 int8 模型的 device mem size 大约是 fp32 模型的 60%。

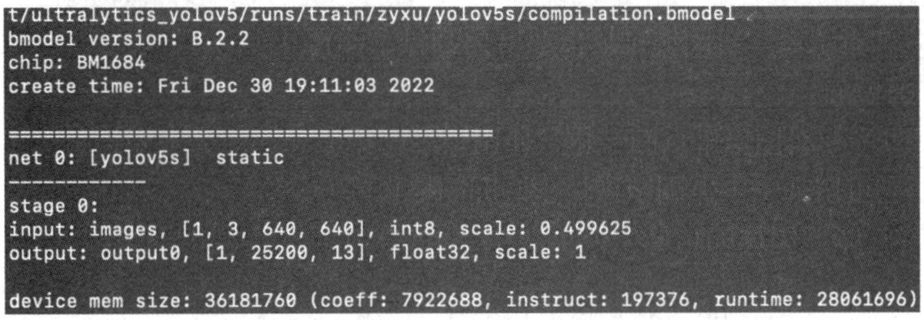

图 9.15　转换得到的 int8 模型属性

在一张图片上运行对 int8 模型的推理，可以看到 int8 模型的推理时间大约为 0.02s，折算成帧率约为 50 帧/秒，在 fp32 模型的基础上有了接近一倍的提升，并且已经超出对模型实时性的基本要求，如图 9.16 所示。

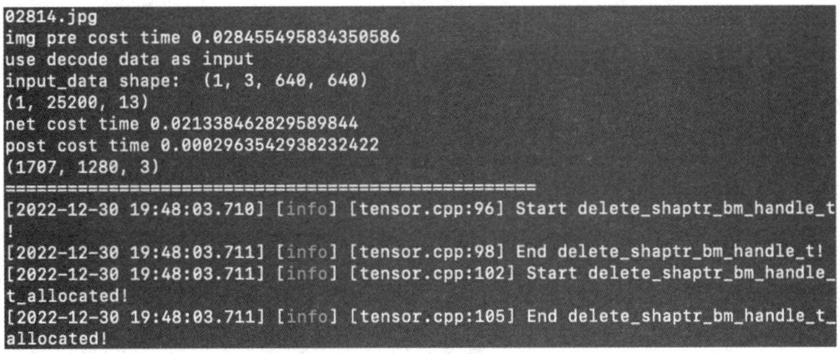

图 9.16　int8 模型推理结果

9.6　新增药品管理

使用目标检测算法有一个很大的弊端，就是每个目标检测模型只能检测固定的若干类别的药品。如果添加一个新的药品，就需要重新收集足够多的新药品的数据，然后重新训练、优化、部署模型。这样就导致了基于目标检测算法的模型缺乏灵活性，几乎无法即时地向其中添加新的药品。

为了解决这个弊端，本案例尝试了将目标检测算法和 OCR 算法相结合。OCR 算法能够检测出图片中有哪些文字，以及这些文字所处的位置，因此在药品识别任务中能够通过检测药品名称实现灵活添加新药品的功能。但是其实时性差、识别错误率高，故单独使用 OCR 算法难以实现智能售药机的基础功能。本案例结合了目标检测算法与 OCR 算法，同时利用了目标检测实时性高、准确度高的优点和 OCR 灵活性强的优点。

　　由于本案例已经在自己收集的药品数据集上完成了对目标检测模型的训练，因此无论图片中的药品是否为模型已经见过的药品，训练出的目标检测模型都能够正确地提取必要的药品特征并将药品框出。"小柴胡颗粒"在药品数据集中并没有出现，但是目标检测模型仍然能够将其准确地框出，如图 9.17 所示。

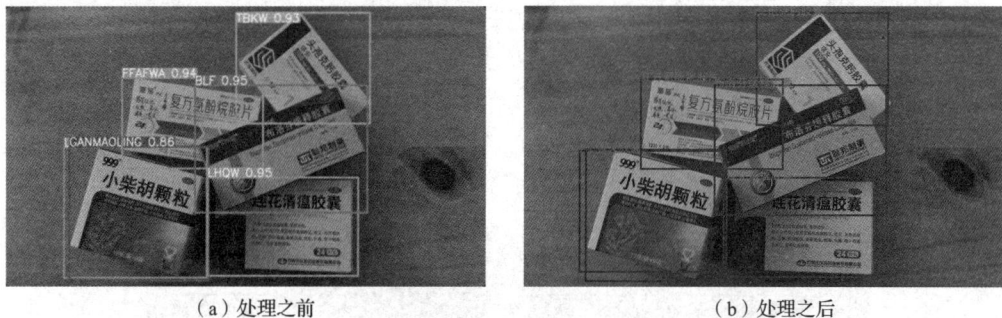

（a）处理之前　　　　　　　　　　　　　　　　（b）处理之后

图 9.17　用目标检测模型检测数据集中未出现的药品

　　根据之前的分析可以总结出 3 点。

　　（1）目标检测模型虽然不能完成对新药品的分类，但是可以完成对新药品位置的检测。

　　（2）新药品可能会导致模型生成多个边界框，如图 9.17 就生成了"感冒灵胶囊"和"连花清瘟胶囊"两个边界框。由于非极大值抑制（Non-Maximum Suppression，NMS）只能合并同类边界框，因此导致了这个情况。

　　（3）对新药品的分类置信度可能不会明显低于其他药品。从图中可以看到新药品即使是被错误地分类，也可能具有 85%以上的置信度，这意味着单独用置信度高低来判别一件药品是否可能是新药品的方法并不具有足够的稳健性。

　　综合以上 3 点，本案例提出将目标检测算法和 OCR 算法相结合，通过比对边界框和文本的位置，就能够判断出新药品是否出现在了图片当中，以及新药品对应的是目标检测输出的哪一个边界框。此外，由于视频的帧与帧之间具有连续性，因此可以假设同一件药品在相邻两帧之间的位置差距很小。这样就能只在第一帧使用 OCR 算法对目标检测的结果进行校准，后续帧都基于前一帧的结果来完成对目标检测输出的调整，从而避免 OCR 算法实时性差的问题。

　　视频的第一帧需要运行一次 OCR 算法，以完成对目标检测输出结果的校准。校准方式如下。

　　（1）通过 paddleocr 库检测出图片中每一段文本的内容及位置，检测结果如图 9.18 所示。可以看到，paddleocr 库正确识别出了新药品"小柴胡颗粒"。

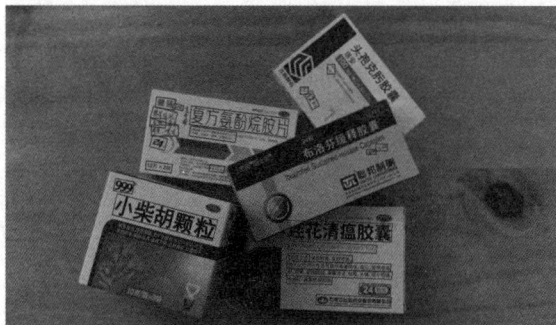

图 9.18　paddleocr 库检测结果

（2）遍历 paddleocr 库的检测结果，筛选出和所需药品类别（包含原药品数据集中的类别和需要新增的类别）相吻合的文本及其位置。

（3）运行 YOLOv5 目标检测算法，输出图片中药品的边界框和类别，其中有一部分边界框对应新增的药品。

（4）遍历每个目标检测输出的边界框，对比新药品通过 paddleocr 库检测出的位置坐标与每个 YOLOv5 边界框的坐标，筛选出包含新药品的边界框。

（5）再次遍历第（2）步中筛选出的文本，找出被第（4）步所筛选出的边界框所包含的文本。如果这些文本和 YOLOv5 模型本身输出的类别吻合，证明该 YOLOv5 边界框只是恰好框住了新药品的文本；如果这些文本和 YOLOv5 模型本身输出的类别不吻合，这个边界框很可能就是新药品对应的边界框。

（6）修改对应 YOLOv5 边界框的类别，并在此基础上手动完成同类别边界框的合并，类似NMS。

目标检测结果校准前后的对比如图 9.19 所示。可以看到校准以后，不仅"小柴胡颗粒"这一新增的、原数据集中没有的药品被正确框出，而且也去掉了原检测结果中冗余的边界框。

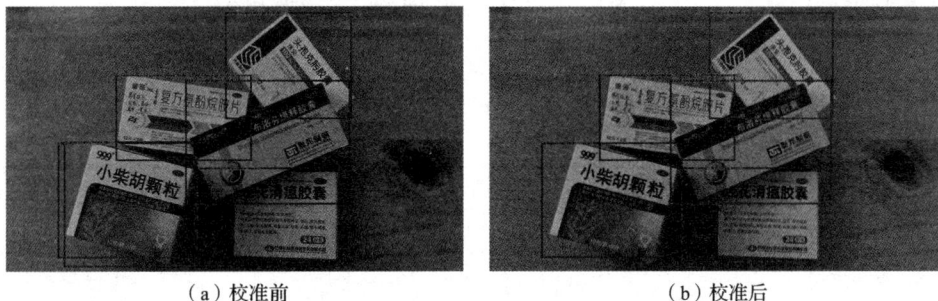

（a）校准前　　　　　　　　　　　　　（b）校准后

图 9.19　目标检测结果校准前后的对比

本案例实现了一个基于目标检测算法和 OCR 算法的智能药品识别系统。面对目标检测算法只能识别数据集中有限种商品的问题，本案例将目标检测算法和 OCR 算法相结合，能够对数据集之外的商品有较好的检测效果。此外，本案例利用视频中物体移动的平滑特性，尽可能减少了运行 OCR 算法的次数，从而提升了系统的实时性。

思考题

（1）简述目标检测和 OCR 的关系。

（2）讨论图片数据增强的方法，并举例说明方法的具体实现。

（3）讨论提高被遮挡物体的目标检测性能的方法。

（4）讨论如何实现目标检测模型的加速。

（5）目标检测模型在算能平台的加速方法是什么？

第 10 章

道路裂缝检测

【本章导读】

本章专注于道路裂缝的检测，将其视为语义分割问题。首先，选择一个开源数据集，并对数据进行二值化和数据增强等预处理。然后，采用 Cascade-Mask-RCNN-Swin 实例分割预训练模型进行道路裂缝的检测。通过 ModelScope 平台对该预训练模型进行精调和推理部署，实现道路裂缝的准确检测。这个方法充分结合了深度学习模型的优势和 ModelScope 平台的功能，可以实现对道路裂缝的高效检测。

基于计算机视觉的智能电动自行车辅助系统是一种创新的解决方案，可以帮助骑手避免道路上的裂缝和不平整路面带来的风险。该系统基于 Cascade-Mask-RCNN-Swin 模型，能够实时检测和分析道路的状况。当系统检测到路面裂缝或其他潜在危险时，会立即向骑手发出语音警告，提醒骑手注意规避。

这种智能辅助系统的优势在于它能够准确地识别道路上的隐患，并及时向骑手发出警告，帮助骑手避免意外摔落或严重受伤的风险。通过实时监测道路状况，骑手可以更加安全地骑行，减少意外事故的发生。

此外，该系统还可以记录和分析道路状况的数据，为城市规划和交通管理部门提供有用的信息。通过收集道路裂缝和不平整路面的数据，相关部门可以及时修复和改善道路，提高整体交通的安全性。

10.1 数据采集

使用谷歌提供的道路裂缝检测数据集，整合 12 个可用的裂缝分割数据集，得到约 11200 张图像，每张图像的分辨率都为 448 像素×448 像素，如图 10.1 所示。同时数据集带有语义分割标签，这些标签的形式为 mask 二值化图像，如图 10.2 所示。

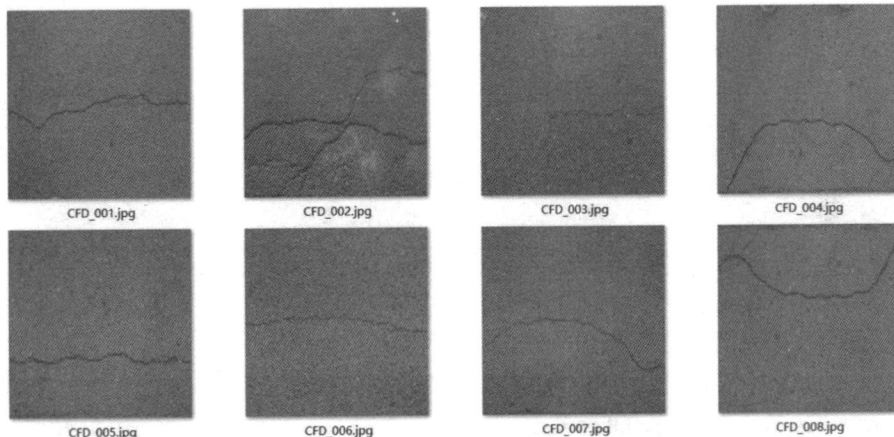

图 10.1 原始图像

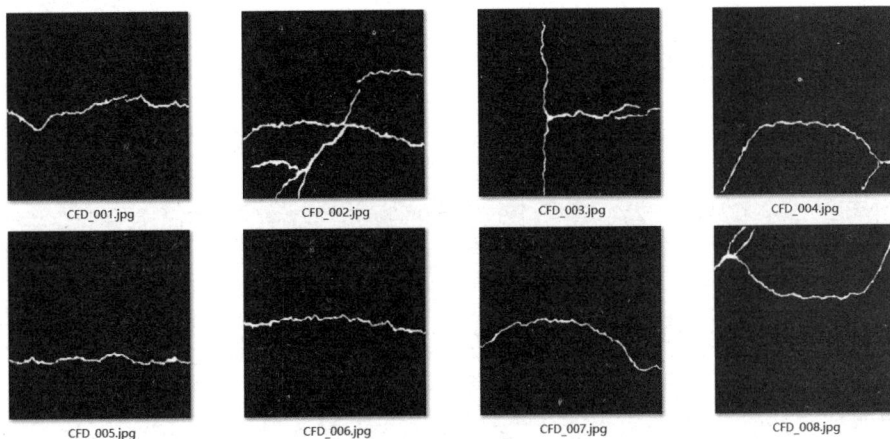

图 10.2 mask 二值化图像

Cascade-Mask-RCNN-Swin 预训练模型使用的是 COCO 2017 数据集，因此迁移学习时需要准备的 JSON 格式标注文件的内容如下。

```
{
  "images": [
  {
  "file_name": "CFD_002.jpg",
  "height": 448,
  "width": 448,
  "id": 1
  },
  ...
  ],
  "annotations": [
  {
  "id": 1,
  "image_id": 1,
  "category_id": 1,
  "iscrowd": 0,
  "area": 6551,
  "bbox": [...],
  "segmentation": [...],
        "width": 448,
        "height": 448
  },
    ...
  ],
  "categories": [
  {
  "supercategory": "none",
  "id": 1,
  "name": "crack"
  }
  ],
}
```

可以看到一个 COCO 图像的 JSON 标注包含以下字段。

（1）images：存储图像的元信息，如 ID、文件名称、大小等。

（2）annotations：存储对象实例的标注信息。每个对象都有一个唯一 ID，并给出其类别 ID、边界框 bbox、区域信息 segmentation 等。

（3）categories：描述每类对象的详细信息，如 ID、名称、类别等。

10.2 数据预处理

为了匹配训练需要的标注格式，需要将 mask 二值化图像的信息写入 JSON 文件，标注格式转换代码如下。

```
# 初始化一个字典来存储 COCO 格式的数据，其中 images 和 annotations 的值为空列表，categories 的值为
预定义的类别
coco_output = {
    "images": [],
    "annotations": [],
    "categories": CATEGORIES
}
# 初始化图像和分割 ID 的计数器
image_id = 1
```

```
segmentation_id = 1
# 遍历图像目录中的目录和文件
for root, _, files in os.walk(IMAGE_DIR):
    # 在当前目录中过滤出 JPEG 文件
    image_files = filter_for_jpeg(root, files)
    # 遍历每个图像文件
    for image_filename in image_files:
        # 打开图像文件
        image = Image.open(image_filename)
        # 以 COCO 格式创建图像信息
        image_info = pycococreatortools.create_image_info(
            image_id, os.path.basename(image_filename), image.size)
        # 从图像信息中提取相关字段
        image_info_tmp = {}
        image_info_tmp['file_name'] = image_info['file_name']
        image_info_tmp['height'] = image_info['height']
        image_info_tmp['width'] = image_info['width']
        image_info_tmp['id'] = image_info['id']
        # 将图像信息添加到 coco_output 中
        coco_output["images"].append(image_info_tmp)
        # 遍历标注目录中的目录和文件
        for root, _, files in os.walk(ANNOTATION_DIR):
            # 替换文件路径中的 images 为 masks，以找到相应的标注
            annotation_filename = image_filename.replace("images", "masks")
            # 设置类别 ID（假设为单一类别，ID 为 1）
            class_id = 1
            # 定义类别信息，检查文件名中是否包含 crowd
            category_info = {'id': class_id, 'is_crowd': 'crowd' in image_filename}
            # 打开标注文件并将其转换为二值掩码
            binary_mask = np.asarray(Image.open(annotation_filename)
                            .convert('1')).astype(np.uint8)
            # 以 COCO 格式创建标注信息
            annotation_info = pycococreatortools.create_annotation_info(
                segmentation_id, image_id, category_info, binary_mask,
                image.size, tolerance=2)
            # 如果标注信息有效，则将其添加到 coco_output 中
            if annotation_info is not None:
                coco_output["annotations"].append(annotation_info)
            # 增加分割 ID
            segmentation_id = segmentation_id + 1
        # 增加图像 ID
        image_id = image_id + 1
# 将 coco_output 字典转换为 JSON 格式字符串
data = json.dumps(coco_output, indent=1)
# 将 JSON 数据写入文件
with open(ROOT_DIR + '/instances_' + part + '.json', 'w', newline='\n') as f:
f.write(data)
```

将数据集划分为训练集以及测试集后，通过以上代码分别进行转换。

模型的 configuration.json 文件中定义了一系列图像增强步骤。

```
"preprocessor": {
    "type": "image-instance-segmentation-preprocessor",
    "train": […
        {
            "type": "Resize",…
```

```
        "multiscale_mode": "range",
        "keep_ratio": true
    },
    {
        "type": "RandomFlip",
        "flip_ratio": 0.5
    },…
        "to_rgb": true
    },
    {
        "type": "Pad",
        "size_divisor": 32
    },
    {
        "type": "DefaultFormatBundle"
    },
    {
        "type": "Collect",
        "keys": [
            "img",
            "gt_bboxes",
            "gt_labels",
            "gt_masks"
        ],
        "meta_keys": [
            "filename",
            "ori_filename",
            "ori_shape",
            "img_shape",
            "pad_shape",
            "scale_factor",
            "flip",
            "flip_direction",
            "img_norm_cfg",
            "ann_file",
            "classes"
        ]
    }
]
```

（1）Resize：改变图像的尺寸。img_scale=(666,320)定义了新的图像尺寸，而 multi_scale_mode='range'表示可以在一个范围内选择不同的图像尺寸。

（2）Normalize：对图像进行归一化，使用指定的均值和标准差来调整图像的像素值。这有助于更好地学习模型。

（3）Pad：如果需要，对图像进行填充以达到特定的尺寸。

（4）DefaultFormatBundle：用于准备最终的数据格式，使其适合模型训练。

（5）Collect：收集所需的关键信息，如图像、标签、掩码等。

10.3　Cascade-Mask-RCNN-Swin 网络训练和优化

Cascade-Mask-RCNN-Swin 网络是一种集成的视觉识别模型，它采用 Swin Transformer 作为主干网络来提取图像特征，并将这些特征输入 Mask-RCNN 网络中进行目标检测和实例分割。这种模型的独特之处在于它的级联结构，它能通过多个阶段对预测进行细化，从而提高最终检测和分割的准确性。

Swin Transformer 是一种基于 Transformer 的图像分类网络，它通过自注意力机制来捕获图像中的全局特征和局部特征。这种网络结构在图像识别任务中表现出色，因此被引入 Cascade-Mask-RCNN-Swin 模型中作为主干网络。通过使用 Swin Transformer，模型能够有效地提取图像特征，为后续的目标检测和实例分割任务提供准确的输入。

Mask-RCNN 是一种常用的目标检测和实例分割模型，它能够同时生成目标的边界框和分割掩码。在 Cascade-Mask-RCNN-Swin 模型中，Mask-RCNN 负责处理从 Swin Transformer 提取的特征，并生成最终的检测结果。通过结合 Swin Transformer 和 Mask-RCNN，Cascade-Mask-RCNN-Swin 模型能够在复杂的目标检测和实例分割任务中取得非常好的精度和效率。

集成模型的优势在于它能够结合不同领域中先进的技术，从而在特定任务上取得更好的表现。对复杂的目标检测和实例分割任务来说，集成模型通常比单独的组件更具优势。Cascade-Mask-RCNN-Swin 模型的引入为这些任务提供了一种高效而准确的解决方案，有助于推动计算机视觉领域的进一步发展和应用。

```
"train":
{
    "dataloader": {
# 每个 GPU 处理的数据批量大小
        "batch_size_per_gpu": 4,
 # 每个 GPU 使用的数据加载工作线程数
        "workers_per_gpu": 4
    },
    "optimizer": {
# 使用 AdamW 优化器
        "type": "AdamW",
        # 学习率为 0.00001
        "lr": 1e-05,
 # 权重衰减为 0.05，防止过拟合
        "weight_decay": 0.05
    },
    "lr_scheduler": {
# 使用 MultiStepLR 学习率调度器
        "type": "MultiStepLR",
        # 没有预设的学习率改变点
        "milestones": [],
 # 学习率衰减系数为 0.1
        "gamma": 0.1
    }
}
```

Cascade-Mask-RCNN-Swin 网络主要由几个组件构成：backbone、neck、RPN head 和 Cascade RoI head。其中，backbone 是基于 Swin Transformer 网络，neck 是 FPN 网络，而 RPN head 和 RoI head 则组成了 Mask-RCNN 网络。在代码中，需要依次定义 Swin Transformer 网络、Mask-RCNN 网络，并设置回调函数和损失函数。如果需要查看具体的实现代码，可以查看相关网站获取更详细的信息。

在开始训练之前，需要通过 GitHub 下载 Cascade-Mask-RCNN-Swin 网络的代码，并将其上传到服务器。

使用 AutoDL 云服务器来进行模型训练，并通过 PyCharm 使用 SSH 解释器连接服务器进行调试。AutoDL 云服务器提供了官方准备的镜像，这里选择 PyTorch 1.13.1 和 CUDA 11.7。镜像安装完成后，需要安装 Cascade-Mask-RCNN-Swin 网络依赖的 mmcv 库。

```
pip install mmcv-full -f https://download.****.com/mmcv/dist/cu101/torch1.8.1/
index.html
```

通过 ModelScope 的 pipeline 接口将预训练模型下载至服务器，如图 10.3 所示。

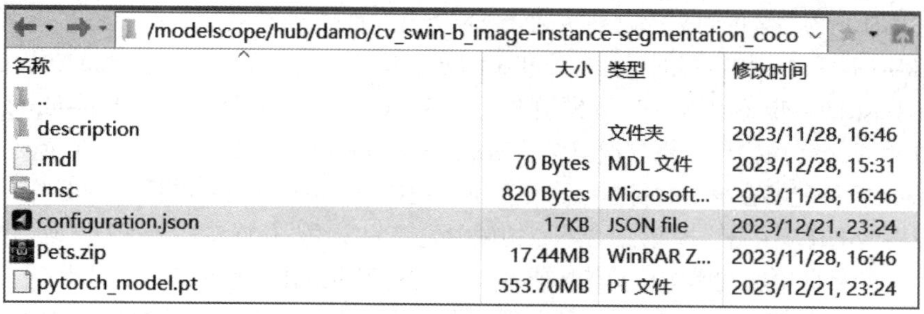

名称	大小	类型	修改时间
..			
description		文件夹	2023/11/28, 16:46
.mdl	70 Bytes	MDL 文件	2023/12/28, 15:31
.msc	820 Bytes	Microsoft...	2023/11/28, 16:46
configuration.json	17KB	JSON file	2023/12/21, 23:24
Pets.zip	17.44MB	WinRAR Z...	2023/11/28, 16:46
pytorch_model.pt	553.70MB	PT 文件	2023/12/21, 23:24

地址栏：/modelscope/hub/damo/cv_swin-b_image-instance-segmentation_coco

图 10.3　预训练模型

设置相关模型训练参数，对 Cascade-Mask-RCNN-Swin 模型进行迁移学习训练。

```
# 示例代码
input_img = \'https://****.oss-cn-beijing.aliyuncs.com/test/images/
image_instance_segmentation.jpg'
segmentation_pipeline = (pipeline(Tasks.image_segmentation, 'damo/cv_swin-b_image-
instance-segmentation_coco'))
# 设置工作目录，用于保存训练过程中生成的文件和模型
WORKSPACE = './work_dir'
# 指定模型名称或路径
model_id = 'damo/cv_swin-b_image-instance-segmentation_coco'
# 读取配置文件批量大小
samples_per_gpu = read_config(model_id).train.dataloader.batch_size_per_gpu
# 数据集路径
image_dir = '/root/autodl-tmp/datasets/'
# 通过 MsDataset 类加载训练集
train_dataset = MsDataset.load('imagefolder', data_dir=image_dir,split='train')
# 通过 MsDataset 类加载测试集并设置为测试模式
eval_dataset = MsDataset.load('imagefolder',data_dir=image_dir, split='validation',
test_mode=True)
# 设置训练的最大轮数
max_epochs = 30
# 定义训练参数
kwargs = dict(
    model=model_id,
    data_collator=partial(collate, samples_per_gpu=samples_per_gpu),
    train_dataset=train_dataset,
    eval_dataset=eval_dataset,
    work_dir=WORKSPACE,
    max_epochs=max_epochs)
# 通过训练参数构建训练器，指定训练类型为图像实例分割
trainer = build_trainer(
    name=Trainers.image_instance_segmentation, default_args=kwargs)
# 预训练模型已加载，训练开始
print('pre-trained model loaded, training started:')
# 开始训练
trainer.train()
# 训练完成
print('train success.')
```

基于预训练模型以及自有数据集进行迁移学习，需要通过网盘将数据集上传至服务器，如图 10.4 所示。

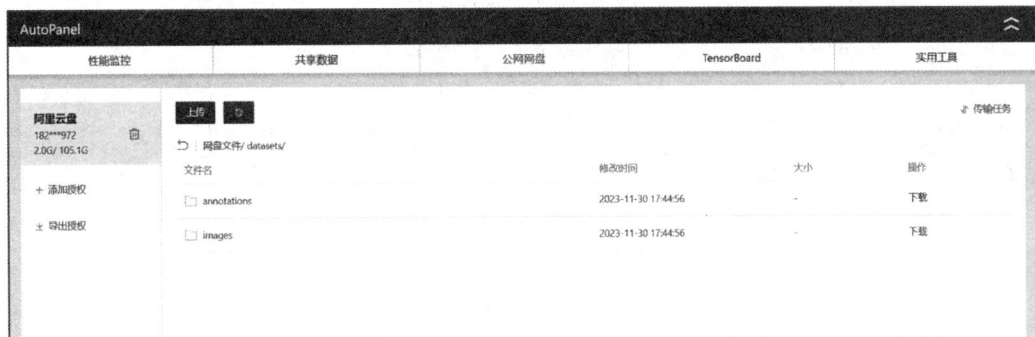

图 10.4 上传数据集

通过原 pipline 加载数据集时，采用的是下载数据集的方式，想加载本地数据需要修改部分代码。

```
if hub == Hubs.modelscope:
    remote_dataloader_manager = RemoteDataLoaderManager(
        dataset_context_config)
# 此处通过远程下载数据集后返回的是 ExternalDataset
    dataset_inst = remote_dataloader_manager.load_dataset(
        RemoteDataLoaderType.MS_DATA_LOADER)
```

实现本地加载的方式，代码如下。

```
if dataset_name in _PACKAGED_DATASETS_MODULES or os.path.isdir(
        dataset_name) or os.path.isfile(dataset_name):
    dataset_inst = ExternalDataset(m_split_path_dict, m_config_kwargs)
```

加载完成后，在训练时还需要匹配本地加载的 MS_DATA_LOADER。

```
elif data_loader_type == LocalDataLoaderType.MS_DATA_LOADER:
    local_downloader = LocalDownloader(
        dataset_context_config=self.dataset_context_config)
    local_downloader.process()
    return local_downloader.dataset
```

修改配置参数时可以自定义多少轮保存一次 checkpoint。

```
    "checkpoint": {
        "period": {
# 每 5 轮保存一次
            "interval": 5,
            "save_dir": "./work_dir"
        }
    },
```

训练完成后，会将最后一次保存的 PTH 文件通过硬链接保存为 pytorch_model.pt，所以可以基于 pytorch_mode.pt 继续进行迁移学习。

```
# 保存训练状态
    self.save_trainer_state(trainer, model, _train_state_file, meta,
                        save_optimizers)
# 保存模型文件
self.save_model_state(model, _model_file)
# 建立硬链接
    self.link(model, _model_file, output_dir)
```

模型、代码、数据集、配置文件准备完成后开始训练，网络训练过程如图 10.5 所示。

```
epoch [1][30/2093]    lr: 1.000e-05, eta: 11:30:22, iter_time: 0.660, data_load_time: 0.032, memory: 9395, loss_rpn_cls: 0.0023,
epoch [1][60/2093]    lr: 1.000e-05, eta: 10:46:22, iter_time: 0.576, data_load_time: 0.016, memory: 9448, loss_rpn_cls: 0.0017,
epoch [1][90/2093]    lr: 1.000e-05, eta: 10:31:16, iter_time: 0.576, data_load_time: 0.016, memory: 9448, loss_rpn_cls: 0.0016,
epoch [1][120/2093]   lr: 1.000e-05, eta: 10:23:54, iter_time: 0.577, data_load_time: 0.015, memory: 9448, loss_rpn_cls: 0.0027,
epoch [1][150/2093]   lr: 1.000e-05, eta: 10:19:47, iter_time: 0.579, data_load_time: 0.015, memory: 9448, loss_rpn_cls: 0.0025,
epoch [1][180/2093]   lr: 1.000e-05, eta: 10:16:46, iter_time: 0.578, data_load_time: 0.015, memory: 9448, loss_rpn_cls: 0.0034,
epoch [1][210/2093]   lr: 1.000e-05, eta: 10:15:18, iter_time: 0.583, data_load_time: 0.014, memory: 9644, loss_rpn_cls: 0.0030,
epoch [1][240/2093]   lr: 1.000e-05, eta: 10:13:03, iter_time: 0.575, data_load_time: 0.015, memory: 9644, loss_rpn_cls: 0.0035,
epoch [1][270/2093]   lr: 1.000e-05, eta: 10:11:38, iter_time: 0.578, data_load_time: 0.014, memory: 9644, loss_rpn_cls: 0.0025,
epoch [1][300/2093]   lr: 1.000e-05, eta: 10:10:19, iter_time: 0.577, data_load_time: 0.015, memory: 9644, loss_rpn_cls: 0.0017,
epoch [1][330/2093]   lr: 1.000e-05, eta: 10:09:34, iter_time: 0.581, data_load_time: 0.015, memory: 9644, loss_rpn_cls: 0.0033,
epoch [1][360/2093]   lr: 1.000e-05, eta: 10:09:31, iter_time: 0.588, data_load_time: 0.015, memory: 9644, loss_rpn_cls: 0.0016,
epoch [1][390/2093]   lr: 1.000e-05, eta: 10:09:04, iter_time: 0.584, data_load_time: 0.014, memory: 9644, loss_rpn_cls: 0.0023,
```

图 10.5　网络训练过程

10.4　Cascade-Mask-RCNN-Swin 推理

训练完成后，模型在保存时文件名会多出一个前缀，导致加载时出现异常，需要取消模型
参数文件前缀，修改代码如下。

```
if pretrained:
    assert 'model_dir' in kwargs, 'pretrained model dir is missing.'
    model_path = os.path.join(kwargs['model_dir'],
                        ModelFile.TORCH_MODEL_FILE)
    logger.info(f'loading model from {model_path}')
    weight_tmp = torch.load(model_path, map_location='cpu')
    if 'state_dict' in weight_tmp:
        weight = weight_tmp['state_dict']
    else:
        weight_tmp_state_dict = {}
        for k,v in weight_tmp.items():
# 模型保存时多了 "model."
            k_tmp = k.replace("model.","")
            weight_tmp_state_dict[k_tmp] = v
        weight = weight_tmp_state_dict
```

使用训练好的模型推理电动自行车的驾驶视频，代码如下。

```
# 指定模型目录
model_path = '/root/autodl-fs/work_dir/output/'
# 通过 ModelScope 的 pipline 加载模型
segmentation_pipeline = pipeline(Tasks.image_segmentation, model_path)
f_name = 100
# 打开视频文件
video = cv2.VideoCapture(f'/root/autodl-tmp/mp4s/{f_name}.mp4')
# 获取视频的帧率和尺寸
fps = video.get(cv2.CAP_PROP_FPS)
width = int(video.get(cv2.CAP_PROP_FRAME_WIDTH))
height = int(video.get(cv2.CAP_PROP_FRAME_HEIGHT))
frame_count = float(video.get(cv2.CAP_PROP_FRAME_COUNT))
Inference_count = 0.0
# 创建 VideoWriter 对象以保存提取的帧为新的视频文件
output         =         cv2.VideoWriter(f'/root/autodl-tmp/mp4s/{f_name}_res.mp4',
cv2.VideoWriter_fourcc(*'mp4v'), fps, (width, height))
# 用 isOpened() 检查是否正确打开
# 循环读取每一帧
while video.isOpened():
    # video.read() : 一次读取视频中的一帧，会返回两个值
    # res :值为 bool 类型，表示这一帧是否正确读取，True 为正确读取，如果文件读取到结尾，它的返回值
```

```
就为 False
        ret, input_img = video.read()
        if input_img is None:
            break
        if ret == True:
    # 推理一帧图像
            result = segmentation_pipeline(input_img)
    # 推理结果转成 NumPy 格式
            numpy_image = LoadImage.convert_to_ndarray(input_img)[:, :, ::-1]  # 用BGR顺序
    # 得到可视化图像
            img_res = show_result(numpy_image, result, out_file=output, show_box=True,
show_label=True, show_score=False)
    # 修改图像格式
            img_res = img_res.astype(np.uint8)
            if not ret:
                break
            # 将帧写入输出文件
            output.write(img_res)
            Inference_count += 1
            print(f"-----current process {(Inference_count / frame_count) * 100}%------")
    # 释放资源
    video.release()
    output.release()
```

对推理结果的面积进行一定程度的过滤，修改 mask 显示的颜色，并在裂缝较大的时候显示警告信息，代码如下。

```
    # 设定面积阈值
    area_threshold = 4000
    # 遍历推理结果
    for label, score, box, mask in zip(labels, scores, boxes, masks):
    # 计算当前 mask 面积
        mask_area = np.sum(mask > 0)
    # 如果面积不达标，则不做处理
        if mask_area < area_threshold:
            continue
        # 设置 mask 颜色
        color1 = (0, 0, 255)
        x1 = int(box[0])
        y1 = int(box[1])
        x2 = int(box[2])
        y2 = int(box[3])
        cv2.rectangle(img, (x1, y1), (x2, y2), color1, thickness=thickness)
        # 显示警告信息
        text = "Warning"
        text_size = cv2.getTextSize(text, fontFace=fontFace, fontScale=3,
thickness=thickness)[0]
        # 计算文字在图像中心的位置
        text_x = (img.shape[1] - text_size[0]) // 2
        text_y = (img.shape[0] + text_size[1]) // 2
        # 绘制文字
        cv2.putText(img, text, (text_x, text_y), fontFace=fontFace, fontScale=3,
thickness=3)
    # 获取 mask 信息
        idx = np.nonzero(mask)
    # mask 设置颜色
```

```
img[idx[0], idx[1], :] *= 1.0 - alpha
img[idx[0], idx[1], :] += alpha * color
```

推理结果如图 10.6 所示。

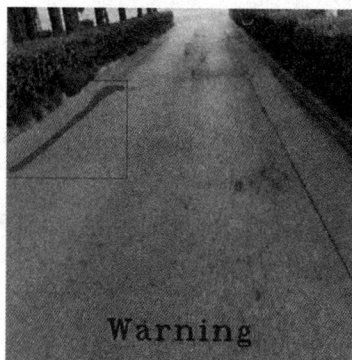

图 10.6　推理结果

通过使用 Cascade-Mask-RCNN-Swin 网络，并基于预训练模型进行迁移学习，初步实现了实时分析道路状况并向骑手发出警告的功能。这一创新性的技术对电动自行车市场来说意义重大，因为电动自行车也应该配备辅助系统以确保骑行安全，并且该技术在实际应用中有着巨大的潜力。

为了进一步提升系统的精度，更好地适应实际应用场景，可以从电动自行车用户的视角进行数据采集和训练。通过从电动自行车用户的角度收集数据，可以捕捉到更加贴近实际骑行情况的道路状况，从而提高系统的准确性和可靠性。这种定制化的训练方法将有助于系统更好地理解电动自行车用户所面临的风险和需求，为他们提供更加个性化和安全的骑行体验。

随着电动自行车的普及和应用场景的不断扩大，这种基于 Cascade-Mask-RCNN-Swin 网络的智能辅助系统将成为电动自行车行业的重要发展方向。通过不断改进和优化，可以进一步提升系统的性能，并为电动自行车用户提供更全面、可靠的安全保障。

思考题

（1）讨论 Cascade-Mask-RCNN-Swin 网络的优点。

（2）讨论如何对道路裂缝图像进行标注。

（3）如何在 ModelScope 平台对 Cascade-Mask-RCNN-Swin 算法进行调优？

（4）实例分割任务要解决的关键问题是什么？

（5）如何度量 Cascade-Mask-RCNN-Swin 网络分割的效果？

第 11 章
学生课堂行为检测

【本章导读】

本章的目标是通过观察学生在课堂上的 6 种行为（举手、阅读、记笔记、玩手机、低头和趴在桌子上）来全面评估他们的学习状态。首先对收集的课堂视频数据进行预处理，包括视频帧提取、目标标注和数据集划分等步骤，以确保数据的质量和准确性。接着，采用 DAMO-YOLO 预训练模型，并在 ModelScope 平台上进行迁移学习。通过调整模型参数、优化器设置和训练策略，使模型能够识别这 6 种行为。在迁移学习过程中，ModelScope 平台提供了计算资源，使模型训练得以快速完成。最终会得到一个能够准确识别学生课堂行为的模型，教师可更全面地了解学生的学习状态和行为表现，从而灵活调整教学策略，提高教学效果，确保学生在课堂上获得最佳的学习体验。

随着计算机网络技术和智能手机等硬件设备的普及，高校大学生在课堂上表现出的问题行为越来越多样化。即使是到课的学生也可能精神不集中，在课堂上打瞌睡、玩手机等行为变得越来越难以控制。近年来，随着智能手机、移动网络和手机游戏的快速发展，诱惑日益增多，一些学生缺乏自我约束能力，再加上部分教师管理不严，大学生在课堂上的行为变得更加复杂和难以控制。这些不良行为破坏了课堂秩序和学术规范，影响了教学效果，人才培养质量难以保证，学生的身心健康也受到了不同程度的影响。在这样的背景下，对大学生在课堂上的行为进行检测和分析变得尤为重要。因此，学校和其他教育机构需要加强对学生的教育和指导，培养学生的学习兴趣和自律能力，同时加强师生之间的沟通与互动，营造良好的教学氛围。只有共同努力才能有效应对现代科技带来的课堂管理挑战，保障教学质量，促进学生全面发展。

本案例旨在监测学生在课堂上的 6 种行为，包括举手、阅读、记笔记、玩手机、低头和趴在桌子上。其中前 3 种被视为良好的课堂行为，而后 3 种则被视为不良行为。通过对 DAMO-YOLO 预训练模型进行迁移学习，能够使模型准确识别这 6 种行为。本案例的任务是目标检测，旨在让模型能够识别大学课堂中的学生，并在检测到这 6 种行为之一时进行标注。这种技术的应用有望为教师提供更全面的课堂管理工具，帮助他们更好地了解学生的学习状态和行为表现，从而调整教学策略，提高教学效果。此外，通过对学生行为的检测和分析，学校管理者还可以更好地评估教学质量和学生学习情况，为教学改进提供数据支持。最终，这种技术的应用可能对智慧课堂和教育信息化建设产生积极影响，为教育领域的发展提供新的可能性。

11.1　数据采集与预处理

11.1.1　数据采集

本案例的数据集基于公开的在线数据集，主要包含大学中一堂课的图像，如图 11.1 所示。这些图像的数量达到了 529 张，并按照它们的编号顺序进行了排列。通过按顺序组合这些图像，可以生成该堂课在一小段时间内的连续视频。这个视频可以全面呈现课堂教学活动，捕捉到学生的行为和教师的教学方式。这样的数据集可以为研究者和教育工作者提供宝贵的资源，用于分析和评估教学效果，探索学生参与度和注意力的变化，以及课堂管理的有效策略。通过细致观察和分析这些视频，可以深入了解大学课堂中的学习环境和学生行为，为教育改革和教学实践提供有力的支持和指导。

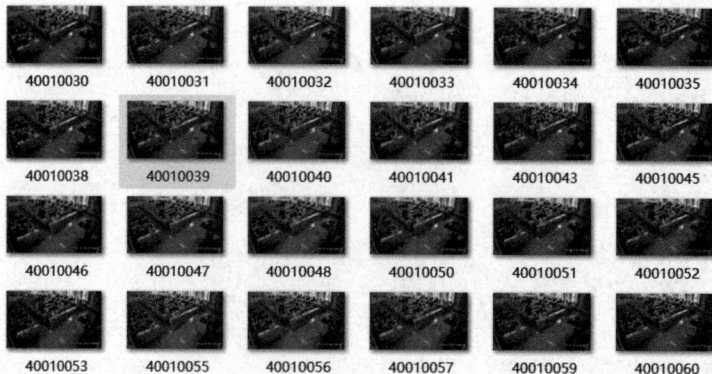

图 11.1　原始数据

11.1.2　数据标注

在本案例中，使用 labelImg 来进行图像的标注工作。专注于那些能够清晰展示学生行为的图像，并将它们分为 6 个类别——举手、阅读、记笔记、玩手机、低头和趴在桌子上，如图 11.2 所示。为每个行为类别分别标注相应的标签，如 hand-raising、reading、writing、using phone、bowing the head 和 leaning over the table。这样的标注工作有助于对学生行为进行更精确的分类和分析，为后续的数据处理和模型训练提供可靠的基础。通过标注，可以更好地理解学生在课堂上的行为模式，为教育工作者提供更准确的反馈和指导，以优化教学过程和提升学生的学习效果。

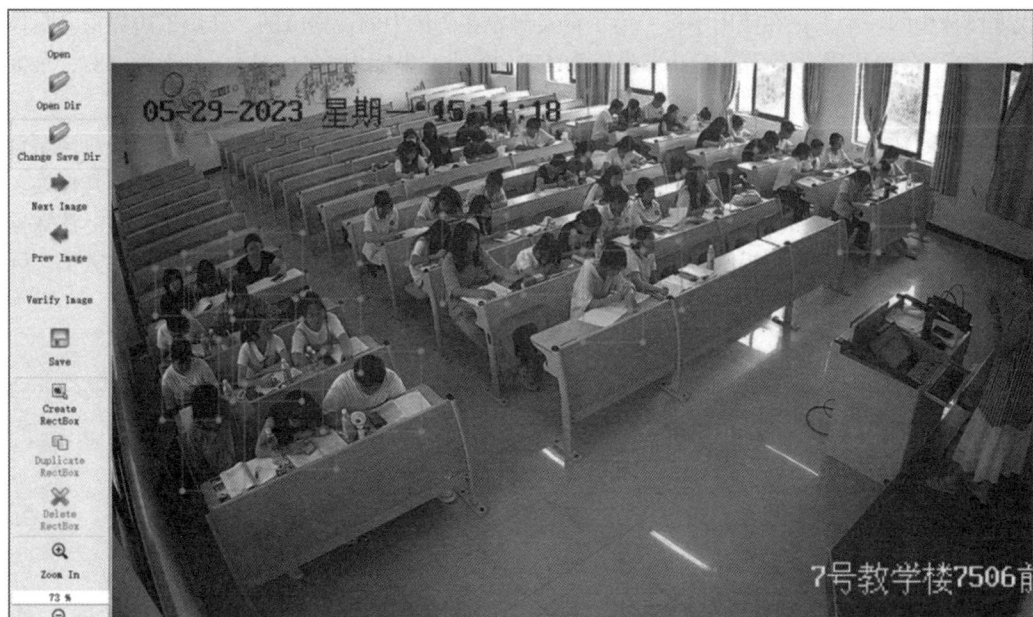

图 11.2　使用 labelImg 进行标注

数据标注完后会生成图 11.3 所示的 XML 文件。

40010002.xml	2023/12/17 19:45	XML 文件	7 KB
40010003.xml	2023/12/17 19:45	XML 文件	7 KB
40010004.xml	2023/12/17 19:45	XML 文件	8 KB
40010005.xml	2023/12/17 19:45	XML 文件	8 KB
40010006.xml	2023/12/17 19:45	XML 文件	8 KB
40010007.xml	2023/12/17 19:45	XML 文件	8 KB
40010008.xml	2023/12/17 19:45	XML 文件	8 KB
40010009.xml	2023/12/17 19:45	XML 文件	8 KB
40010010.xml	2023/12/17 19:45	XML 文件	8 KB
40010012.xml	2023/12/17 19:45	XML 文件	8 KB
40010013.xml	2023/12/17 19:45	XML 文件	8 KB

图 11.3　XML 文件

对 XML 文件的详细内容进行分析，以下的标注文件提供了有关一张图像中对象及其位置信息的详细描述。在文件的顶部指定了文件夹的路径。图像的文件名记录在"filename"字段中，用于唯一标识该图像。

标注文件中的尺寸部分包含有关图像宽度、高度和深度的信息。在下面的示例中，可以看到图像的宽度为 1920 像素、高度为 1080 像素、深度为 3，表示这是一张 RGB 彩色图像。这些详细信息对后续的图像处理和分析非常重要，有助于准确地理解图像的特征和内容。通过仔细研究标注文件中提供的信息，可以更好地理解图像数据，为进一步的研究和应用提供基础和指导。

标注文件中包含描述对象的字段，下面的例子展示了一个被标注为"using phone"的对象，说明图像中的一个人正在使用手机。为了定义对象在图像中的位置范围，使用了边界框。具体描述对象位置的边界框信息：最小 x 坐标为 418，最小 y 坐标为 561，最大 x 坐标为 582，最大 y 坐标为 707。

这样的标注文件可用于后续在 ModelScope 平台上对数据进行更深入的处理和进行模型迁移学习训练的任务。通过这些标注信息，能够准确地定位和识别图像中的不同对象及其行为，为进一步的数据分析和模型训练提供关键的基础。在应用于 ModelScope 平台时，这些标注数据将为研究人员和开发人员提供有价值的指导和支持，帮助他们更好地理解和利用图像数据。标注文件的结构如下。

```
<annotation>
    <folder>images</folder>
    <filename>40010002.jpg</filename>
<source>
<database>orgaquant</database>
<annotation>organoids</annotation>
</source>
    <size>
        <width>1920</width>
        <height>1080</height>
        <depth>3</depth>
    </size>
    <object>
<name>using phone</name>
        <bndbox>
            <xmin>418</xmin>
            <ymin>561</ymin>
            <xmax>582</xmax>
            <ymax>707</ymax>
        </bndbox>
    </object>
    <object>
```

11.1.3 数据预处理

为了更好地微调 DAMO-YOLO 模型，需要进行以下的预处理。

在 ModelScope 平台上，数据预处理的第一步是利用代码提取每张图像上标注的目标，以便进行后续操作。通过分析 XML 标注文件中的边界框信息，代码可以准确地定位并提取出每个目标在图像中的位置和范围。这个过程对建立准确的训练集和进行目标检测任务至关重要。提取出的目标信息可以为后续的模型训练和数据分析提供基础，帮助研究人员更好地理解图像内容和目标对象的特征。提取结果如图 11.4 所示。

```
        b = [int(float(XMLbox.find('xmin').text)), int(float(XMLbox.find('ymin').text)),
                int(float(XMLbox.find('xmax').text)),
                int(float(XMLbox.find('ymax').text))]
            img_cut = img[b[1]:b[3], b[0]:b[2], :]
            path = os.path.join(cut_path, cls)
            # 目录是否存在，不存在则创建
            mkdirlambda = lambda x: os.makedirs(x) if not os.path.exists(x) else True
            mkdirlambda(path)
            try:
             cv2.imwrite(os.path.join(cut_path, cls, '{}_{:0>2d}.jpg'.format
(image_pre, obj_i)), img_cut)
```

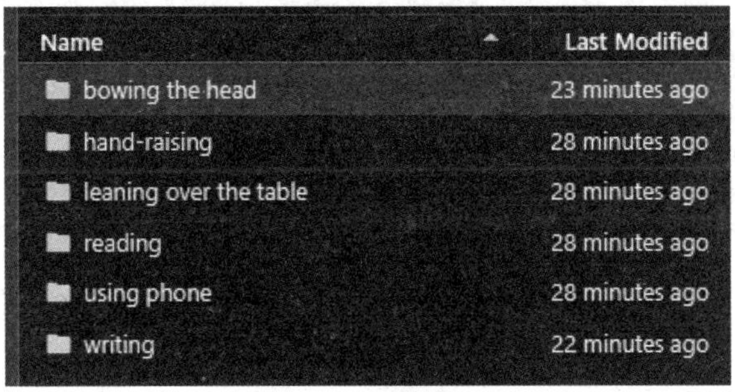

Name		Last Modified
📁 bowing the head		23 minutes ago
📁 hand-raising		28 minutes ago
📁 leaning over the table		28 minutes ago
📁 reading		28 minutes ago
📁 using phone		28 minutes ago
📁 writing		22 minutes ago

图 11.4　提取结果

　　然后进行数据增强：需要先将 XML 标注文件转换为 TXT 文件，以便进行后续的数据增强操作。这一步骤涉及两个函数。

　　（1）第一个函数 convert()的功能是将边界框的坐标转换为相对于图像大小的归一化坐标。该函数接收两个参数：size 表示图像的尺寸（宽度和高度），box 表示边界框的坐标（最小 x 坐标、最大 x 坐标、最小 y 坐标和最大 y 坐标）。函数首先计算出图像宽度和高度的倒数，然后通过一系列计算将边界框坐标转换为归一化坐标，最后返回转换后的归一化坐标（x、y、宽度和高度）。

　　（2）第二个函数 convert_annotation()用于将 XML 格式的标注文件转换为 TXT 格式的标签文件。该函数接收 3 个参数：data_dir 表示数据目录，imageset 表示图像集，image_id 表示图像的 ID。函数首先打开 XML 文件并解析其内容，然后获取图像的宽度和高度。对于每个对象（物体）的标注，函数提取类别、边界框坐标，并根据图像大小调用 convert()函数将边界框坐标转换为归一化坐标。最后，将类别 ID 和转换后的归一化坐标写入 TXT 文件中。这样的数据处理过程为后续的数据增强和模型训练提供了基础，有助于模型更好地理解和利用图像数据。

```
def convert(size, box):
    dw = 1. / size[0]
    dh = 1. / size[1]
    x = (box[0] + box[1]) / 2.0
    y = (box[2] + box[3]) / 2.0
    w = box[1] - box[0]
    h = box[3] - box[2]
    x = x * dw
    w = w * dw
    y = y * dh
    h = h * dh
    return (x, y, w, h)
```

```
def convert_annotation(data_dir,imageset,image_id):
    in_file = open(data_dir+'/%s_annotations/%s.XML' % (imageset,image_id)) #打开XML文件
    out_file = open(data_dir+'/%s_labels/%s.TXT' % (imageset,image_id), 'w') #写入TXT文件
    tree = ET.parse(in_file)
    root = tree.getroot()
    size = root.find('size')
    w = int(size.find('width').text)
    h = int(size.find('height').text)
    for obj in root.iter('object'):
        difficult = obj.find('difficult').text
        cls = obj.find('name').text
        if cls not in classes or int(difficult) == 1:
            continue
        cls_id = classes.index(cls)#获取类别索引
        XMLbox = obj.find('bndbox')
        b = (float(XMLbox.find('xmin').text), float(XMLbox.find('xmax').text),
float(XMLbox.find('ymin').text),float(XMLbox.find('ymax').text))
        bb = convert((w, h), b)
        out_file.write(str(cls_id) + " " + " ".join([str('%.6f'%a) for a in bb]) + '\n')
```

完成转换后,接下来可以利用生成的文本文件和图像文件进行数据增强工作。其中,一种常见的数据增强方法是裁剪,下面的代码段实现了调整图像和边界框的大小的功能。所涉及的函数 resize()接收 4 个参数:img 表示输入图像,boxes 表示边界框的坐标,size 表示目标大小,max_size 表示最大的尺寸限制。根据 size 的类型进行不同的处理。

这样的数据增强操作有助于增加数据样本的多样性,提升模型的泛化能力,并为模型训练和性能优化提供支持。通过对图像和边界框进行有效的大小调整,可以更好地适应不同尺寸的输入图像,从而提高模型的稳健性和准确性。

```
def resize(img, boxes, size, max_size=1000):
    w, h = img.size    #(480, 364)
    print('wwww',w)
    print('hhhh',h)
    if isinstance(size, int):    #这里是按照高和宽等比例缩放
        print('is============')
        size_min = min(w,h)
        size_max = max(w,h)          #首先找到最短边,缩放的边长度为364像素
        sw = sh = float(size) / size_min    #计算出高的缩放比例,将宽以同等比例缩放
        print('sw',sw)
        print('sh',sh)
        if sw * size_max > max_size: #防止缩放过度
            sw = sh = float(max_size) / size_max
            print('ifl====',sw)
        ow = int(w * sw + 0.5)    #向上取整
        print('ow',ow)
        oh = int(h * sh + 0.5)
        print('oh',oh)
    else:
        print('============')
```

在后续的处理过程中,数据增强的操作包括中心化、随机翻转、随机裁剪背景以及随机插入目标图像。虽然篇幅有限,无法列出具体代码,但这些方法可以有效解决数据集不足的问题。完成数据增强后,根据 DAMO-YOLO 模型的要求,需要将数据标签转换为 COCO 格式,如图 11.5 所示。

```
# info，license暂时用不到
info = {
    "year": 2023,
    "version": '1.0',
    "date_created": 2023 - 12 - 16
}

licenses = {
    "id": 1,
    "name": "null",
    "url": "null",
}

#自己的标签类别，跟YOLO5的要对应好
categories = [
    {
        "id": 0,
        "name": 'hand-raising',
        "supercategory": 'lines',
    },
    {
        "id": 1,
        "name": 'reading',
        "supercategory": 'lines',
    },
    {
        "id": 2,
        "name": 'writing',
        "supercategory": 'lines',
    },
    {
        "id": 3,
        "name": 'using phone',
        "supercategory": 'lines',
    },
    {
        "id": 4,
        "name": 'bowing the head',
        "supercategory": 'lines',
    },
    {
        "id": 5,
        "name": 'leaning over the table',
        "supercategory": 'lines',
    }
]
```

图 11.5　ModelScope 平台生成的 COCO 格式标签

　　这一步对模型训练和性能优化至关重要，能确保数据格式的一致性和准确性，有助于提高模型的训练效果和性能表现。以下是格式转换的核心代码。

```
# 处理label信息
    label_file = os.path.join(label_path, img_file.replace('.jpg', '.TXT'))
    with open(label_file, 'r') as f:
        for idx, line in enumerate(f.readlines()):
            info_annotation = {}
            class_num, xs, ys, ws, hs = line.strip().split(' ')
            class_id, xc, yc, w, h = int(class_num), float(xs), float(ys), float(ws),
float(hs)
            xmin = (xc - w / 2) * width
            ymin = (yc - h / 2) * height
            xmax = (xc + w / 2) * width
            ymax = (yc + h / 2) * height
            bbox_w = int(width * w)
            bbox_h = int(height * h)
            img_copy = img[int(ymin):int(ymax),int(xmin):int(xmax)].copy()
```

```
            info_annotation["category_id"] = class_id  # 类别的id
            info_annotation['bbox'] = [xmin, ymin, bbox_w, bbox_h]  ## bbox 的坐标
            info_annotation['area'] = bbox_h * bbox_w ###area
            info_annotation['image_id'] = index # bbox的id
            info_annotation['id'] = index * 100 + idx  # bbox的id
            # cv2.imwrite(f"./temp/{info_annotation['id']}.jpg", img_copy)
            info_annotation['segmentation'] = [[xmin, ymin, xmax, ymin, xmax, ymax,
xmin, ymax]]  # 4 个点的坐标
```

数据处理完毕，进入迁移学习训练阶段。

11.2　DAMO-YOLO 模型训练

基于算力方面的考虑，选择 ModelScope 平台的 DAMO-YOLO 模型进行训练。DAMO-YOLO 模型的效果优于市面上的主流算法，非常适合用于本案例中的迁移学习训练。

（1）导入 Trainers 和 build_trainer 模块。Trainers 是一个枚举类型，包含不同的训练器名称，用于指定不同的训练模型。build_trainer 模块用于构建指定训练器的实例。

（2）定义一个名为 kwargs 的字典，其中包含训练所需的各种参数。这些参数包括模型名称 model、使用的 GPU 设备列表 gpu_ids、批量大小 batch_size、最大训练轮数 max_epochs、类别数 num_classes、训练图像路径 train_image_dir、测试图像路径 val_image_dir、训练标注文件路径 train_ann、测试标注文件路径 val_ann 以及工作目录 work_dir 等。这些参数对训练过程的顺利进行至关重要，能够确保模型训练的有效性和准确性。通过调用 build_trainer()函数构建了一个训练器实例。传递给函数的参数包括训练器名称 name，这里使用了 Trainers.tinynas_DAMO-YOLO（表示采用 tinynas_DAMO-YOLO 模型进行训练），以及默认参数 default_args（即上述定义的 kwargs 字典）。

（3）调用 trainer.train()方法开始进行模型训练。训练过程中生成的日志将保存在指定的路径。

本案例使用 GPU0 进行训练，定义 batch_size 为 32、max_epochs 为 100、num_classes 为 6。

```
from modelscope.metainfo import Trainers
from modelscope.trainers import build_trainer
kwargs = dict(
        model='damo/cv_tinynas_object-detection_DAMO-YOLO',
        gpu_ids=[0] # 指定训练使用的 GPU
        batch_size=32,
        max_epochs=100,
        num_classes=6, #识别的类别数
train_image_dir='/mnt/workspace/classes_dection/classStudents/train/images/train',
    val_image_dir='/mnt/workspace/classes_dection/classStudents/train/images/val',
train_ann='/mnt/workspace/classes_dection/classes_dection/instances_train.json',
val_ann='/mnt/workspace/classes_dection/classes_dection/instances_val.json',
work_dir='/mnt/workspace/classes_dection',)
    trainer = build_trainer(name=Trainers.tinynas_DAMO-YOLO, default_args=kwargs)
```

加载模型，开始迁移学习，DAMO-YOLO 模型训练过程如图 11.6 所示。

当训练到第 80 个 epoch 时，发现模型的性能指标 AP 和损失基本保持不变，在 AP50 下精度能在 0.75 左右，即当 IoU 为 0.5 时，识别精度在 0.75 左右，但是当 IoU 为 0.75 时，识别精度在 0.70 左右。

继续训练到第 100 个 epoch，识别精度与第 80 个 epoch 时相比并没有发生太大改变。将上述结果可视化，得到可视化图像，如图 11.7 和图 11.8 所示。

图 11.6　DAMO-YOLO 模型训练过程

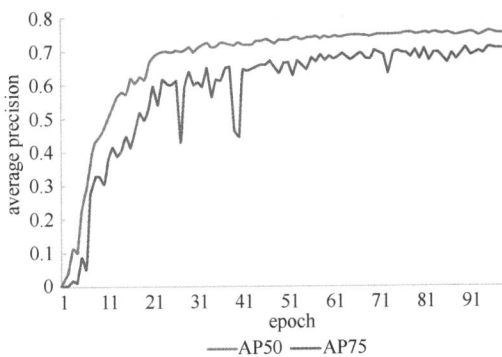

图 11.7　模型的 AP 曲线

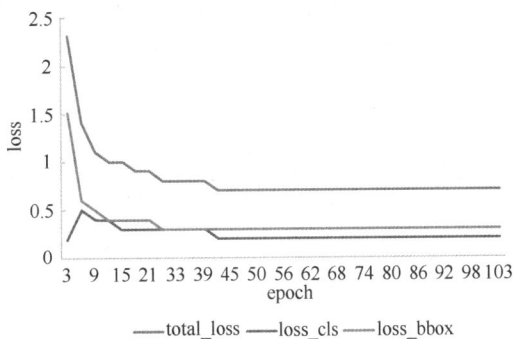

图 11.8　模型的 loss 曲线

分析可以得知模型最大的 AP50 在 0.75 左右，AP75 在 0.70 左右，还有进一步的优化空间。

11.3　DAMO-YOLO 模型推理

本案例直接调用 DAMO-YOLO 模型自带的推理程序对图像进行推理，只需要定义相关的参数就能得到相应的结果，核心代码如下。

```
args = make_parser().parse_args()
config = parse_config(args.config_file)
input_type = args.input_type
infer_engine = Infer(config, infer_size=args.infer_size, device=args.device,
    output_dir=args.output_dir, ckpt=args.engine, end2end=args.end2end)
if input_type == 'image':
    origin_img = np.asarray(Image.open(args.path).convert('RGB'))
    bboxes, scores, cls_inds = infer_engine.forward(origin_img)
    vis_res = infer_engine.visualize(origin_img, bboxes, scores, cls_inds,
conf=args.conf, save_name=os.path.basename(args.path), save_result=args.save_result)
```

检测结果如图 11.9 所示。

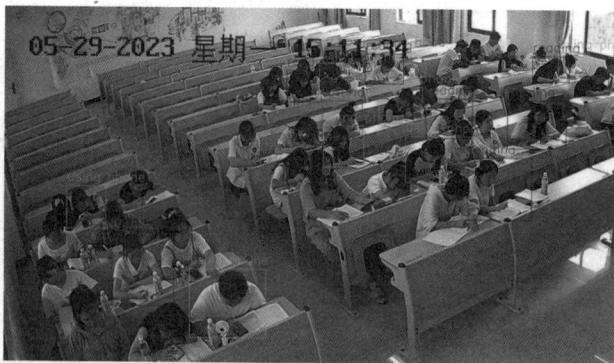

图 11.9　检测结果

本案例监测课堂上学生的学习情况，以评估学生是否认真投入学习。通过对收集的数据进行深入分析，可以更全面地了解学生的学习状态，并为教师提供有针对性的教学建议。

为了进一步提升实验的精度和效果，可以利用数据扩充、数据变换等技术手段对数据进行进一步的增强处理，以增加模型的泛化能力，使模型能够处理更多样的输入数据。此外，还可以考虑使用更大规模的模型进行迁移学习训练，以捕获更多有用的信息，从而提高实验的准确性。

在训练过程中，还可以考虑对模型进行部分修改，以适应特定的学习任务。这可能涉及调整模型的架构、选择优化器、调整学习率等方面。通过有针对性的模型修改，能够进一步提高实验结果的精度。

思考题

（1）总结 DAMO-YOLO 算法的优点。

（2）如何对教室（尤其是学生密度大的教室）中远处的学生的行为进行识别？对模型进行优化。

（3）选择其他的目标检测算法，与 DAMO-YOLO 算法的性能进行比较。

（4）本案例改用人体关键点检测算法效果是否会更好一些？可以通过进一步的实验进行比较。

（5）补充本案例在 ModelScope 创空间的实现。

第 12 章
水边垂钓行为检测

【本章导读】

近年来，随着人们环保意识的增强和水域管理政策的严格实施，高效监管违规垂钓行为变得尤为重要。传统的巡检方式依赖于人力，不仅效率低下，而且难以覆盖所有水域。因此，开发一种高效、准确的水边垂钓行为检测算法成为迫切的需求。在此背景下，本章将开发一款基于 DAMO-YOLO-S 算法的垂钓行为检测模型，以此应对当前水域管理面临的挑战。

　　水边垂钓作为一种大众喜爱的休闲活动，近年来在我国比较普及。然而，随着参与人数的不断增加，垂钓活动对水生态环境的不良影响也日益显现。因此，对水边垂钓实施有效的监管变得尤为必要。

　　本案例通过迁移学习技术，将预训练模型 DAMO-YOLO-S 与特定水域环境适配，垂钓行为的识别精度得到显著提升。微调后的模型能够准确识别各种水域环境中的垂钓行为，无论是无人巡逻船、陆地监控车辆，还是固定监控摄像头捕获的图像，都能得到比较令人满意的识别结果。

　　在实际应用中，该模型为无人巡逻船、陆地监控车辆和监控摄像头提供了垂钓行为监测支持。通过实时分析图像数据，系统能够自动找出疑似垂钓行为与设备的相对位置，指导巡检设备自动靠近观察或调整焦距，以获得更清晰的观察结果。同时，结合广播警告功能，系统能够实现对违规垂钓行为的有效干预，大大提升水域管理的智能化水平与效率。

12.1　数据采集与预处理

　　为了获取用于垂钓行为检测模型训练的准确数据，本案例利用百度图片搜索引擎进行高效的数据采集工作。首先输入关键词“垂钓”，初步筛选出大量相关图片。随后，进行严格的筛选，保证图片的质量和相关性，最终精选出 582 张高质量图片作为训练集。

　　由于大量的原始图片格式各异，本案例在数据预处理和模型训练阶段遇到了诸多挑战。图片格式不同不仅会降低处理速度，还可能引入噪声，影响模型训练的最终效果。

　　为了克服这些困难，本案例开发了一个自动化脚本，其核心功能是将所有图片高效转换为 JPEG 格式。JPEG 格式以其良好的兼容性和广泛的应用基础成为图片格式标准化的理想选择。通过自动化脚本的转换，数据处理效率得到了显著提升，同时保证了数据格式的一致性，为后续的模型训练奠定了基础。该脚本具备智能识别功能，能够自动检测并处理各种图片格式，无须人工干预。这一特性不仅降低了人力成本，还提高了数据预处理的准确性和效率。经过转换后的图片数据更加稳定、可靠，为模型训练提供了高质量的数据输入。

```python
import os
from PIL import Image
import shutil
# 源目录和目标目录
source_directory = './DeepLearning/fishing/data'
target_directory = './DeepLearning/fishing/data-jpg'
# 支持的图片格式
supported_formats = ['.jpg', '.jpeg', '.png', '.webp', '.bmp', '.jfif']
# 遍历源目录中的所有文件
for filename in os.listdir(source_directory):
source_path = os.path.join(source_directory, filename)
# 获取文件扩展名
_, file_extension = os.path.splitext(filename.lower())
# 如果文件是.jpeg格式，直接复制到目标目录
if file_extension == '.jpg':
    target_path = os.path.join(target_directory, filename)
    shutil.copy(source_path, target_path)
    print(f'Copied {filename} to {target_path}')
elif file_extension in supported_formats:
    # 如果文件格式是支持的格式，转换为.jpeg并复制到目标目录
    img = Image.open(source_path)
    target_filename = os.path.splitext(filename)[0] + '.jpg'
    target_path = os.path.join(target_directory, target_filename)
```

```
        img.convert('RGB').save(target_path, 'JPEG')
        img.close()
        print(f'Converted and copied {filename} to {target_path}')
```

为消除图片格式多样性对数据预处理和模型训练的潜在影响,本案例使用上述代码将图片格式统一转换为 JPEG。该代码能够自动检测源目录下的图片文件,并对非 JPEG 格式的图片进行格式转换。转换后的图片将被整齐地保存至指定的目标目录。

在实现过程中,代码利用 os 库处理文件路径,通过 PIL 模块实现图片格式的转换,并利用 shutil 模块完成文件的复制操作。这不仅简化了数据预处理步骤,还提升了数据集的一致性和后续处理效率,为模型训练提供了更加规范和高效的数据支持。

12.1.1　数据划分和标注

本案例将 508 张有效图片按照 4:1 的比例划分,构建训练集和测试集。其中,训练集包含 406 张图片,主要用于模型的学习与训练,以捕获数据的内在规律和特征;测试集则包含 102 张图片,用于在模型训练过程中评估其性能,保证模型具有良好的泛化能力。

为提高模型训练的精确性,本案例采用 labelImg 工具对图片进行细致的标注工作。每张图片中的对象都被准确识别并标记,生成与图片一一对应的 XML 文件。这些 XML 文件详细记录了图片中对象的位置、类别等信息,为模型提供了标签。

为便于数据的组织和管理,将生成的 XML 文件与对应的图片文件存储在同一目录下,并建立清晰的目录结构。这种管理方式不仅提高了访问数据的效率,也保证了数据的一致性和完整性,为后续的模型训练提供了支持。

```
<annotation>
<folder>data-jpg</folder>
<filename>0.jpg</filename>
<path>./fishing/data-jpg/0.jpg</path>
<source>
    <database>Unknown</database>
</source>
<size>
    <width>1000</width>
    <height>570</height>
    <depth>3</depth>
</size>
<segmented>0</segmented>
<object>
    <name>fishing</name>
    <pose>Unspecified</pose>
    <truncated>0</truncated>
    <difficult>0</difficult>
    <bndbox>
        <xmin>273</xmin>
        <ymin>222</ymin>
        <xmax>821</xmax>
        <ymax>412</ymax>
    </bndbox>
</object>
</annotation>
```

本段 XML 文件内容针对图片中的垂钓活动进行了描述,标明了目标的边界框坐标:左上角位置为(273, 222),右下角位置为(821, 412)。

12.1.2　标注数据的格式转换

COCO 数据集的高效处理得益于合理的目录结构,其中 annotations 和 images 两个关键子目录起到重要的作用。annotations 目录下的 JSON 文件详细记录了训练集和测试集中的图片列表及其对应的标注信息,这种结构化的数据存储方式使数据的索引和访问变得更为直接和高效。图片文件本身则被整齐地存放在 images 目录下,便于统一管理和快速访问。

为了进一步提升数据预处理的自动化水平和灵活性,生成了 train_aug.txt 文件,其中详细列出了训练图片的名称。这个步骤不仅优化了数据预处理流程,还能自动分配标注数据到正确的数据集、高效组织图片文件。具体操作步骤如下。

(1)读取训练集图片列表:通过读取 train_aug.txt 文件获取训练集中所有图片的名称列表。

(2)标注信息抽取与存储:依据 train_aug.txt 文件中的图片名称列表,从整体的标注数据中精确地提取出对应训练集的标注信息。这些标注信息包括目标的位置、类别等重要数据,对模型训练至关重要。提取完成后,将这些信息保存至 fishing-train.json 文件中,以便后续使用。

(3)测试集标注处理:与训练集类似,还需要对测试集图片进行相同的处理。通过读取测试集图片列表,从整体标注数据中提取出测试集的标注信息,并保存至 fishing-val.json 文件中。训练集和测试集都有了对应的标注数据文件,有利于后续的模型训练和性能评估。

(4)图片数据整理:根据训练集和测试集的划分结果,将相应的图片文件从原始目录复制到 data-jpg-coco/images 目录下。每个数据集的图片和标注信息都存储在相应的位置,保证了数据的一致性和完整性,也便于后续的模型训练和数据访问。

```
data-jpg-coco/
├── annotations
│   ├── fishing-train.json
│   └── fishing-val.json
└── images
```

以下是将标注数据转为 COCO 数据集的代码。

```python
import json
import os
from xml.etree import ElementTree as ET
# 输入目录,包含.jpg 图像和 XML 标注文件
from PIL import Image
# data-jpg-all-a-p 中保存了原始图片、分别经过仿射变换及透视变换增强后的图片
input_directory = '//DeepLearning/fishing/data-jpg-all-a-p'
# 保存 COCO 格式的数据的目录
output_directory = '//DeepLearning/fishing/data-jpg-coco/'
# 读取训练集列表
with open('//DeepLearning/fishing/train_aug.txt', 'r') as train_list_file:
    train_list = [line.strip() for line in train_list_file]
# 创建 COCO 格式的数据结构
coco_data = {
    "categories": [{"id": 1, "name": "fishing"}],
    "images": [],
    "annotations": []
}
# 遍历输入目录中的所有.jpg 图像
for filename in os.listdir(input_directory):
    if filename.lower().endswith('.jpg'):
        image_name = os.path.splitext(filename)[0]
        # 确定图像在训练集中
        if image_name not in train_list:
            continue
```

```
source_image_path = os.path.join(input_directory, filename)
image_id = len(coco_data["images"]) + 1
# 获取图像的实际宽度和高度
image = Image.open(source_image_path)
width, height = image.size
```

在技术实现方面，导入必要的库，并配置源数据与目标数据的路径，以保证整个处理流程顺畅执行。通过读取 train_aug.txt 文件，将训练图像的列表载入 train_list 变量中，这一步骤为后续的数据预处理提供了基础。

构建符合 COCO 数据格式的框架 coco_data。这个框架细致地划分了图像分类、图像列表和标注信息等关键结构，为后续的数据组织和存储提供了清晰的指导。在遍历源图像文件的过程中，根据图像是否属于训练集进行分类，并获取每张图像的尺寸信息。这些信息对后续的数据预处理和模型训练至关重要。

将分类后的图像复制到新的目录 data-jpg-coco/images 下。这一步骤不仅完成了数据的整理和归类，还为模型训练和测试提供了结构化和优化后的数据集。通过这一流程，保证了数据的准确性、一致性。

```python
# 添加图像信息到 COCO 数据集
image_info = {
    "id": image_id,
    "file_name": f"{image_name}.jpg",
    "width": width,
    "height": height,
    "license": 1,
    "date_captured": "",
    "flickr_url": "",
    "coco_url": "",
    "set": "train"  # 记录图像所属的集合（训练集或测试集）
}
coco_data["images"].append(image_info)
# 解析对应的 XML 标注文件并将标注信息添加到 COCO 数据集
xml_filename = f"{image_name}.xml"
xml_filepath = os.path.join(input_directory, xml_filename)
if os.path.exists(xml_filepath):
    tree = ET.parse(xml_filepath)
    root = tree.getroot()
    for obj in root.findall('object'):
        category_id = 1  # 使用类别 ID 1（在 categories 列表中定义）
        bbox = obj.find('bndbox')
        x_min = float(bbox.find('xmin').text)
        y_min = float(bbox.find('ymin').text)
        x_max = float(bbox.find('xmax').text)
        y_max = float(bbox.find('ymax').text)
        annotation_id = len(coco_data["annotations"]) + 1
        annotation_info = {
            "id": annotation_id,
            "image_id": image_id,
            "category_id": category_id,
            "segmentation": [],
            "area": (x_max - x_min) * (y_max - y_min),
            "iscrowd": 0,
            "bbox": [x_min, y_min, x_max - x_min, y_max - y_min],
            "width": width,
            "height": height
        }
        coco_data["annotations"].append(annotation_info)
```

上述代码向 COCO 数据集中注入图像信息。通过构建 image_info 字典，涵盖图像 ID、文件名、尺寸等关键数据。此步骤确立了数据集内图像的基础框架，为后续的详细标注提供了索引。

通过验证相关 XML 标注文件的存在，进而加以解析。在解析过程中，对每个对象（object）进行迭代，精准提取出目标类别 ID 和边界框坐标等标注信息，这些信息被封装进 annotation_info 字典中。每次字典构建完成后，将其归入 val-coco_data["annotations"]集合中，这一连贯的操作不仅强化了数据的组织性，也提升了后续模型训练与评估的准确性。

```python
# 保存训练集 COCO 格式的 JSON 文件
train_json_path = os.path.join(output_directory, "annotations", "fishing-
train.json")
with open(train_json_path, "w") as train_json_file:
    json.dump(coco_data, train_json_file)
print(f'训练集 JSON 文件已保存到 {train_json_path}')
# 创建测试集 COCO 格式的数据结构
val_coco_data = {
    "categories": [{"id": 1, "name": "fishing"}],
    "images": [],
    "annotations": []
}
# 遍历输入目录中的所有.jpg 图像
for filename in os.listdir(input_directory):
    if filename.lower().endswith('.jpg'):
        image_id = len(val_coco_data["images"]) + 1
        image_name = os.path.splitext(filename)[0]
        # 确定图像不在训练集中
        if image_name not in train_list:
            # 获取图像的实际宽度和高度
            source_image_path = os.path.join(input_directory, filename)
            image = Image.open(source_image_path)
            width, height = image.size
            # 添加图像信息到测试集的 COCO 数据集
            image_info = {
                "id": image_id,
                "file_name": f"{image_name}.jpg",
                "width": width,
                "height": height,
                "license": 1,
                "date_captured": "",
                "flickr_url": "",
                "coco_url": "",
                "set": "val"  # 记录图像所属的集合（测试集）
            }
            val_coco_data["images"].append(image_info)
```

上述代码实现了两个关键操作：保证训练集以 COCO 格式被保存为 JSON 文件，随后输出该文件的存储路径，标记数据保存的确切位置。然后，代码初始化测试集的 COCO 数据结构 val_coco_data，包含必要的类别信息、图像和标注列表，保证数据集的完整性和一致性。针对不属于训练集的图像，通过遍历源图像文件提取其详细信息并整合至测试集数据中。此过程不仅优化了数据管理，也强化了数据的逻辑分区，保证训练集和测试集的分隔清晰。

将测试集数据以 COCO 格式的 JSON 文件保存，完成数据的整理和备份工作。这样的处理流程不仅体现了数据管理的高效性和准确性，也使模型训练和验证阶段的数据需求得到满足，保证了整个数据处理流程的完整性和可靠性。

```
# 解析对应的 XML 标注文件并将标注信息添加到测试集的 COCO 数据集
xml_filename = f"{image_name}.xml"
xml_filepath = os.path.join(input_directory, xml_filename)
if os.path.exists(xml_filepath):
    tree = ET.parse(xml_filepath)
    root = tree.getroot()
    for obj in root.findall('object'):
        category_id = 1  # 使用类别 ID 1（在 categories 列表中定义）
        bbox = obj.find('bndbox')
        x_min = float(bbox.find('xmin').text)
        y_min = float(bbox.find('ymin').text)
        x_max = float(bbox.find('xmax').text)
        y_max = float(bbox.find('ymax').text)
        annotation_id = len(val_coco_data["annotations"]) + 1
        annotation_info = {
            "id": annotation_id,
            "image_id": image_id,
            "category_id": category_id,
            "segmentation": [],
            "area": (x_max - x_min) * (y_max - y_min),
            "iscrowd": 0,
            "bbox": [x_min, y_min, x_max - x_min, y_max - y_min],
            "width": width,
            "height": height
        }
        val_coco_data["annotations"].append(annotation_info)
# 保存测试集 COCO 格式的 JSON 文件
val_json_path = os.path.join(output_directory, "annotations", "fishing-val.json")
with open(val_json_path, "w") as val_json_file:
    json.dump(val_coco_data, val_json_file)
print(f'测试集 JSON 文件已保存到 {val_json_path}')
```

上面的代码段遍历指定目录下所有 JPEG 格式的图像文件，针对每个文件，检查相应的 XML 标注文件是否存在。当 XML 标注文件存在时，该文件被解析，以提取每个标注对象的关键信息（包括类别 ID 和边界框坐标等）。这些信息随后被封装进 annotation_info 字典中，保证了每项标注的结构化表示。

每个 annotation_info 被加入测试集的 COCO 数据集中的 annotations 列表，这一步骤反映了数据的组织和准备过程，为模型验证提供了丰富且准确的数据资源。完成所有图像的标注信息整合后，测试集的 COCO 格式数据被保存为 JSON 文件。

12.1.3　标签文件重新生成

由于垂钓模型仅检测一种类别，且不在 COCO 数据集中，因此需要重新生成标签文件。理论上这个标签文件只有一个有效标签。本次使用的标签格式类似于[[{"name","other"}]和[{"name": "fishing"}]]。

标签文件的生成脚本如下。

```
import pickle
# 修改后的类别 ID 和名字映射关系
# 每个类别 ID 映射到一个包含字典的列表
category_mapping = [
    [{"name","other"}], [{"name": "fishing"}]
]
# 保存为 .pkl 文件
with open('coco_label_map.pkl', 'wb') as f:
    pickle.dump(category_mapping, f)
```

12.2　数据增强

在模型训练的初期阶段采用手动数据增强策略，需要使用脚本预先对训练数据进行一次性修改。这与传统的动态增强方法不同，后者在每次训练迭代中随机应用数据增强方法。手动数据增强的方法保证了整个训练过程中数据的一致性，为模型学习提供了稳定的环境。

本案例考虑了透视变换、仿射变换和随机缩放等方法。经过详细的实验评估，本案例确定将透视变换和仿射变换作为主要的数据增强方法，因为这两种方法在增加数据的多样性和提高模型的泛化能力方面表现优秀。

手动数据增强对扩大数据集和增强模型性能起到了重要的作用。这种方法保证了增强数据与原始数据在标注信息上的一致性。

本案例中没有采用"随机缩放""水平翻转""添加噪声""随机删除""彩色抖动"等数据增强方法，原因在于这些方法效果相对较差。这些方法的局限性主要源自训练脚本中已经集成的动态数据增强方法，如马赛克增强，它在每次训练迭代中能够随机地应用，从而生成更多样的数据样本。

本案例使用透视变换和仿射变换这两种数据增强方法。这些方法需要在应用变换时更新标注信息，但变换后的标注数据往往不够精确，尤其是边界框会偏大。这种情况下需要进行大量的手动调整或重新标注，使自动化处理难以实现理想的效果。通过这种方式，成功地将训练集中的图像扩增至 1218 个，以便进行更全面的模型训练。进行手动数据增强的脚本见压缩包 augment.zip。

在训练过程中，使用的数据预处理包括马赛克增强、归一化操作以及 YOLOv5 训练脚本自带的其他数据增强方式。具体设置如下。

（1）马赛克增强：对于每个图像，使用马赛克增强的概率为 1.0。进行马赛克增强时，每个图像缩放比例的范围是[0.1, 2.0]，马赛克图像的尺寸为 640 像素×640 像素。

（2）混合增强：混合增强的概率为 0.15。在混合增强过程中，图像缩放比例的范围为[0.5, 1.5]，最大旋转角度是 10.0°，图像平移的最大比例是 0.2，图像剪切变换的最大角度是 2.0°。

以下是配置文件 configuration.json 的结构。

```
"train": {
    "mosaic_mixup": {
        "mosaic_prob": 1.0,
        "mosaic_scale": [0.1, 2.0],
        "mosaic_size": [640, 640],
        "mixup_prob": 0.15,
        "mixup_scale": [0.5, 1.5],
        "degrees": 10.0,
        "translate": 0.2,
        "shear": 2.0
    },
    "transform": {
        "image_mean": [0.0, 0.0, 0.0],
        "image_std": [1.0, 1.0, 1.0],
        "image_max_range": [640, 640],
        "flip_prob": 0.5,
        "autoaug_dict": {
            "box_prob": 0.3,
            "num_subpolicies": 5,
            "scale_splits": [2048, 10240, 51200],
            "autoaug_params": [6, 9, 5, 3, 3, 4, 2, 4, 4, 4, 5, 2, 4, 1, 4, 2,6, 4, 2,
```

```
2, 2, 6, 2, 2, 2, 0, 5, 1, 3, 0, 8, 5, 2, 8, 7, 5, 1, 3, 3, 3]
            }
        }
    },
```

训练数据增强的配置通过 mosaic_mixup 和 transform 两个主要部分实现。在 mosaic_mixup 部分，可以设定一系列参数，如 mosaic_prob（马赛克增强的概率）、mosaic_scale（马赛克增强时图像缩放比例的范围）、mosaic_size（马赛克图像尺寸）、mixup_prob（混合增强的概率）以及 mixup_scale（混合增强时图像缩放比例的范围），以动态增强训练数据。这些方法通过调整图像的组合和尺寸增加训练过程中样本的多样性。

transform 部分则定义了图像处理的基础参数，包括 image_mean（图像的平均值）、image_std（图像的标准差）、image_max_range（图像最大尺寸）、flip_prob（图像翻转的概率）和 autoaug_dict（AutoAugment 策略的参数）。上述参数负责实施图像的基本转换操作以及应用 AutoAugment 策略，后者进一步扩展了数据的变化范围，通过预设的图像转换策略，自动增强图像数据，提升模型对输入变化的适应能力。

12.3　调整训练参数

在模型训练中，选用 AdamW 优化器。本案例使用了一个包含余弦退火策略的复合学习率调度器。初期阶段，学习率从 0 开始，在前 5 个 epoch 内逐步提升至 0.04，旨在平衡初期阶段的稳定性与效率。随后，学习率按余弦退火策略逐步降低至最小值 0.002，即之前学习率的 5%，以细腻调整模型参数，促进训练的长期稳定性和收敛性。

此外，训练中引入了指数移动平均（Exponential Moving Average，EMA）法，通过平滑模型权重的变化提高模型的泛化能力和稳定性。尽管最大训练轮数设为 500，但在实际应用中可根据模型表现和需求进行调整，这显示出训练过程的灵活性。在最后 16 个 epoch 中主动关闭马赛克增强，这一策略的目的在于减少训练末期的数据变化，保证模型能在更稳定的数据分布上进行最后的精调。

以下是配置文件 configuration.json 文件的结构。

```
"train": {
    "gpu_ids": [0],
    "ema": true,
    "ema_momentum": 0.9998,
    "max_epochs": 500,
    "no_aug_epochs": 16,
    "work_dir": "./workdirs",
    "resume_path": null,
    "finetune_path": null,
    "optimizer": {
        "type": "AdamW",
        "lr": 0.04,
        "weight_decay": 5e-4,
    },
    "lr_scheduler": {
        "type": "CosineLR",
        "warmup_start_lr": 0,
        "min_lr_ratio": 0.05,
        "warmup_epochs": 5
    }
},
```

12.4 模型训练与参数优化

预训练模型选用综合性能比较合适的 tinynas-damoyolo，模型的权重信息保存在权重文件 damoyolo_tinynasL25_S.pt 中，模型的结构信息如下。

```
"model": {
    "type": "tinynas-damoyolo",
    "weights": "damoyolo_tinynasL25_S.pt",
    "backbone": {
        "name": "TinyNAS_res",
        "structure_file": "tinynas_L25_k1kx.txt",
        "out_indices": [2, 4, 5],
        "with_spp": true,
        "use_focus": true,
        "act": "relu",
        "reparam": true
    },
    "neck": {
        "name": "GiraffeNeckV2",
        "depth": 1.0,
        "hidden_ratio": 0.75,
        "in_channels": [128, 256, 512],
        "out_channels": [128, 256, 512],
        "act": "relu",
        "spp": false,
        "block_name": "BasicBlock_3x3_Reverse"
    },
    "head": {
        "name": "ZeroHead",
        "num_classes": 1,
        "in_channels": [128, 256, 512],
        "stacked_convs": 0,
        "reg_max": 16,
        "act": "silu",
        "nms_conf_thre": 0.04,
        "nms_iou_thre": 0.7
    }
},
```

迁移学习采用了 DAMO-YOLO-S 预训练模型，并在 ModelScope 框架下进行训练。由于 ModelScope 的训练代码设计得十分简洁且易于扩展，因此仅需要调整训练配置，并对示例训练脚本进行细微的修改即可开始训练。

在 kwargs 中设定单次训练的关键参数，包括指定预训练模型为 damo/cv_tinynas_object-detection_damoyolo，设置单步训练的 batch_size 为 40，并计划进行 500 个 epoch 的训练（epoch 可根据实际需求进行调整）。此外，还设定了仅检测一个特定类别。同时，训练过程中明确了训练集和测试集的图片路径以及对应的标注文件路径。

若需进行多阶段训练，即在前一阶段训练成果的基础上继续深化学习，可复制 damo/cv_tinynas_object-detection_damoyolo 目录中的配置信息，并将原有的 damoyolo_s.pt 和 damoyolo_tinynasL25_S.pt 文件替换为前一阶段的 checkpoint 文件。随后，仅需调整训练脚本中的 model 配置，指向新的模型目录，即可无缝衔接下一阶段的训练。

```
from modelscope.metainfo import Trainers
from modelscope.trainers import build_trainer
kwargs = dict(
    # 加载 DAMO-YOLO-S 预训练模型进行训练
        model='damo/cv_tinynas_object-detection_damoyolo',
```

```
# 加载自行训练的 checkpoint 所在目录进行训练
    # model='/data/fishing/cv_tinynas_fishing-detection_damoyolo_chk_point'
        gpu_ids=[0],  # 指定训练使用的 GPU
        batch_size=40,
        max_epochs=500,
        num_classes=1,  # 自定义数据中的类别数
        train_image_dir='./data-jpg-coco/images',  # 训练图片路径
        val_image_dir='./data-jpg-coco/images',  # 测试图片路径
        train_ann=
        './data-jpg-coco/annotations/fishing-train.json',  # 训练标注文件路径
        val_ann=
        './data-jpg-coco/annotations/fishing-val.json',  # 测试标注文件路径
        work_dir='./workdirs',
        )
trainer = build_trainer(
        name=Trainers.tinynas_damoyolo, default_args=kwargs)
trainer.train()  # 训练日志将会保存在./workdirs/damoyolo_s/train_log.txt 中
```

这段代码配置了水边垂钓行为检测模型的训练参数，涵盖了从模型选择到数据路径设置等关键环节，旨在保证模型训练的高效性和准确性。首先，它指定了使用的预训练模型，通过迁移学习提升模型的泛化能力。其次，设置了 GPU 设备编号以充分利用计算资源，以此加速训练过程。同时，通过调整批量大小和训练轮数，代码可以在训练速度与模型精度之间找到平衡点。该操作既保证了训练效率，又保证了模型的性能。

此外，根据任务需求，代码明确了待检测的类别数，并指定了训练数据和测试数据的存储路径。这一设置保证了模型能够学习到有效的特征，并准确地进行行为检测。在训练过程中，代码构建了一个高效的训练器，并启动了训练流程。训练过程中产生的日志信息被详细记录并保存在指定工作目录下的 train_log.txt 文件中，为后续监控和分析训练过程提供了便利。

12.4.1　数据增强效果

在训练初期阶段，选择手动执行所有数据增强操作来扩充训练集，使图片数量有 3600 张左右。然而，由于并未充分利用模型训练脚本自带的数据增强功能，可能导致数据增强的效果有限。

具体来说，数据增强操作包括图像的旋转、缩放、裁剪以及翻转等。虽然这些操作确实丰富了数据集的内容，但相比之下，训练脚本中的数据增强功能通常更加灵活和强大，可以根据模型的需要进行自适应调整，并在训练过程中动态地应用多种增强策略。

在进行 1000 个 epoch 的训练后，训练过程的收敛速度较慢，这可能是数据增强效果有限导致的。此外，最终的 AP 仅约 0.3659，远低于预期目标，如图 12.1 所示。数据增强方面的不足对模型性能产生了负面影响。

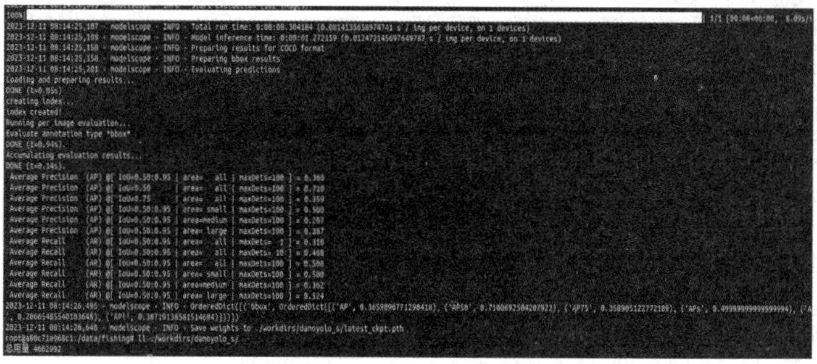

图 12.1　手动数据增强训练 1000 个 epoch 的结果

为了改善这种情况，可以考虑在后续的训练中整合模型训练脚本的数据增强功能。同时，还可以通过调整增强策略的参数和组合方式进一步优化模型的性能。

经过深入分析，本实验决定优化数据增强策略。在新的策略中，仅保留了手动数据增强中的透视变换和仿射变换这两种方法，同时全面启用了模型训练脚本中自带的数据增强功能。选择保留的这两种手动数据增强方法能够精准地模拟实际场景中物体视角和位置的变化，这对模型捕获和学习垂钓行为的特征至关重要。而模型训练脚本自带的数据增强功能则以其灵活性和强大的扩展性，进一步丰富了数据的多样性，有助于提升模型的泛化能力。

采用新的数据增强策略后，重新进行 500 个 epoch 的训练。可以看到，还未达到 500 个 epoch，训练的精度就已经超越了之前的训练结果。最终，AP 约 0.40987，证明了优化后的数据增强策略的有效性，如图 12.2 所示。

图 12.2　保留两种手动数据增强方法的训练结果

取消所有手动数据增强操作，并重新进行 3000 个 epoch 的训练结果如图 12.3 所示。然而，尽管训练过程中的损失有所降低，但模型的精度并没有明显提升。反而，可以观察到模型存在过拟合的迹象，这表明模型在训练数据上表现良好，但泛化到新数据的能力有限。

图 12.3　自动数据增强的训练结果

　　鉴于这种情况，继续采用之前基于透视变换和仿射变换这两种手动数据增强方法训练出来的模型作为第一阶段的最终 checkpoint。

　　通过采用这种方案，保证了模型在训练过程中既能够充分利用数据增强的优势，又能够避免过拟合的风险。实验将以此 checkpoint 为基础，进行后续的实验和优化工作，以期进一步提升模型的性能和泛化能力。

12.4.2　模型精调与性能优化

　　经过第一阶段训练 500 个 epoch 后，发现模型精度并未达到预期水平，可能是因为陷入了局部极小点。为了突破这一局限，可以基于第一阶段的最终 checkpoint 进行第二阶段训练。

　　在第二阶段训练中，计划进行 600 个 epoch 的训练。然而，在训练结束时，AP 仅在 0.6 左右，如图 12.4 所示，并且多次尝试后并未观察到明显区别。仔细回溯训练日志，发现一个有趣的现象：在前 50 个 epoch 中，模型的 AP 已经达到一个相对较高的水平，但之后并没有持续提升，甚至有时出现下降的情况。令人印象深刻的是，在多次训练中，AP 的最大值往往出现在前 50 个 epoch 内，并且这种情况反复出现。

图 12.4　基于第一阶段的 checkpoint 继续训练的结果

　　当基于第一阶段的 checkpoint 进行二次训练时，由于模型在前期已经学习到了较好的特征表示，因此在训练的初期阶段就能够取得较高的精度。然而，随着训练的持续进行，模型可能开始过度拟合训练数据，导致在测试集上的性能下降。

　　为了解决这个问题，需要采取一系列措施来防止过拟合并提高模型的泛化能力。首先，可以尝试调整学习率预热策略，在训练过程中逐渐减小学习率，以便模型更好地适应数据分布。其次，可以增加正则化项（如 L1 或 L2 正则化）来约束模型的复杂度，防止其过度拟合。此外，还可以尝试使用更复杂的模型结构或集成学习方法来进一步提高模型的性能。

12.4.3 训练策略调整

启动第三阶段的训练。此次训练将基于第一阶段的最终 checkpoint 进行，旨在进一步微调模型并提升其性能。

在第三阶段训练中，仅训练 50 个 epoch，在每个 epoch 结束时输出并保存 checkpoint。这一做法有助于实时监控训练进程，并为后续分析提供充分的数据支持。

训练完成后，对训练日志进行细致分析，通过对比不同 epoch 下的模型性能，选定表现最佳的 checkpoint 作为最终的训练成果。该 checkpoint 对应的模型在 AP 上达到了最优水平。

通过第三阶段的训练策略优化，实验取得了显著成效。在第 40 个 epoch 时，模型的 AP 达到最大值，约为 0.736。考虑到实验所面对的数据量有限，这一成绩已相当出色。

在当前阶段，难以再取得更进一步的训练成果。因此，暂时结束训练，并将此 checkpoint 作为当前阶段的最终模型，以备后续实验或应用使用。同时，本实验也将继续探索新的训练策略和方法，以期在未来进一步提升模型的性能。

第三阶段的完整训练日志见 train_log.txt，部分日志文件内容如图 12.5 所示。

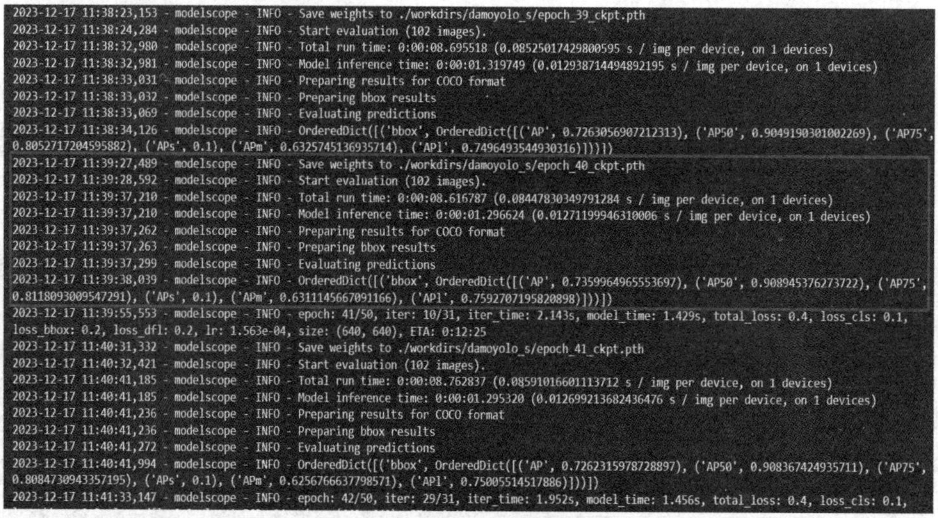

```
2023-12-17 11:38:23,153 - modelscope - INFO - Save weights to ./workdirs/damoyolo_s/epoch_39_ckpt.pth
2023-12-17 11:38:24,284 - modelscope - INFO - Start evaluation (102 images).
2023-12-17 11:38:32,980 - modelscope - INFO - Total run time: 0:00:08.695518 (0.08525017429800595 s / img per device, on 1 devices)
2023-12-17 11:38:32,981 - modelscope - INFO - Model inference time: 0:00:01.319749 (0.012938714494892195 s / img per device, on 1 devices)
2023-12-17 11:38:33,031 - modelscope - INFO - Preparing results for COCO format
2023-12-17 11:38:33,032 - modelscope - INFO - Preparing bbox results
2023-12-17 11:38:33,069 - modelscope - INFO - Evaluating predictions
2023-12-17 11:38:34,126 - modelscope - INFO - OrderedDict([('bbox', OrderedDict([('AP', 0.7263056907212313), ('AP50', 0.9049190301002269), ('AP75', 0.8052717204595882), ('APs', 0.1), ('APm', 0.6325745136935714), ('APl', 0.7496493544930316)]))])
2023-12-17 11:39:27,489 - modelscope - INFO - Save weights to ./workdirs/damoyolo_s/epoch_40_ckpt.pth
2023-12-17 11:39:28,592 - modelscope - INFO - Start evaluation (102 images).
2023-12-17 11:39:37,210 - modelscope - INFO - Total run time: 0:00:08.616787 (0.08447830349791284 s / img per device, on 1 devices)
2023-12-17 11:39:37,210 - modelscope - INFO - Model inference time: 0:00:01.296624 (0.01271199946310006 s / img per device, on 1 devices)
2023-12-17 11:39:37,262 - modelscope - INFO - Preparing results for COCO format
2023-12-17 11:39:37,263 - modelscope - INFO - Preparing bbox results
2023-12-17 11:39:37,299 - modelscope - INFO - Evaluating predictions
2023-12-17 11:39:38,039 - modelscope - INFO - OrderedDict([('bbox', OrderedDict([('AP', 0.7359964965553697), ('AP50', 0.908945376273722), ('AP75', 0.8118093009547291), ('APs', 0.1), ('APm', 0.6311145667091166), ('APl', 0.7592707195820898)]))])
2023-12-17 11:39:55,553 - modelscope - INFO - epoch: 41/50, iter: 10/31, iter_time: 2.143s, model_time: 1.429s, total_loss: 0.4, loss_cls: 0.1, loss_bbox: 0.2, loss_dfl: 0.2, lr: 1.563e-04, size: (640, 640), ETA: 0:12:25
2023-12-17 11:40:31,332 - modelscope - INFO - Save weights to ./workdirs/damoyolo_s/epoch_41_ckpt.pth
2023-12-17 11:40:32,421 - modelscope - INFO - Start evaluation (102 images).
2023-12-17 11:40:41,185 - modelscope - INFO - Total run time: 0:00:08.762837 (0.08591016601113712 s / img per device, on 1 devices)
2023-12-17 11:40:41,185 - modelscope - INFO - Model inference time: 0:00:01.295320 (0.012699213682436476 s / img per device, on 1 devices)
2023-12-17 11:40:41,236 - modelscope - INFO - Preparing results for COCO format
2023-12-17 11:40:41,236 - modelscope - INFO - Preparing bbox results
2023-12-17 11:40:41,272 - modelscope - INFO - Evaluating predictions
2023-12-17 11:40:41,994 - modelscope - INFO - OrderedDict([('bbox', OrderedDict([('AP', 0.7262315978728897), ('AP50', 0.908367424935711), ('AP75', 0.8084730943357195), ('APs', 0.1), ('APm', 0.6256766637798571), ('APl', 0.75005514517886)]))])
2023-12-17 11:41:33,147 - modelscope - INFO - epoch: 42/50, iter: 29/31, iter_time: 1.952s, model_time: 1.456s, total_loss: 0.4, loss_cls: 0.1,
```

图 12.5 部分日志文件内容

12.5 模型测试

采用 ModelScope 的 pipeline 进行推理。模型已经推送到 ModelScope 平台，加载 copperfield/cv_tinynas_fishing-dectection_damoyalo 即可使用。以下展示从 test 目录中读取图片进行推理，在图上标记推理结果后，将推理结果保存到 test_res 目录的脚本中。

（1）导入目标推理所需的库和模块。

```
from modelscope.pipelines import pipeline
from modelscope.utils.constant import Tasks
import cv2
import numpy as np
import os
```

（2）执行目标检测推理。

```
object_detect = pipeline(Tasks.image_object_detection, model='copperfield/cv_tinynas_fishing-dectection_damoyalo')
input_dir = './test'
```

```
output_dir = './test_res'
if not os.path.exists(output_dir):
    os.makedirs(output_dir)
for filename in os.listdir(input_dir):
    if filename.lower().endswith(('.png', '.jpg', '.jpeg')):
        img_path = os.path.join(input_dir, filename)
        result = object_detect(img_path)
        image = cv2.imread(img_path)
        scores = result['scores']
        labels = result['labels']
        boxes = result['boxes']
        for i in range(len(boxes)):
            box = boxes[i]
            label = labels[i]
            score = scores[i]
            x_min, y_min, x_max, y_max = box.astype(np.int32)
            cv2.rectangle(image, (x_min, y_min), (x_max, y_max), (0, 255, 0), 2)
            label_text = f'{label}: {score:.2f}'
            cv2.putText(image, label_text, (x_min, y_min - 10), cv2.FONT_HERSHEY_SIMPLEX,
0.9, (0, 255, 0), 2)
        output_img_path = os.path.join(output_dir, filename)
        cv2.imwrite(output_img_path, image)
```

　　这段代码描述了一个完整的目标检测推理过程，它加载了预训练好的模型，对指定目录中的图像进行推理，标记检测到的目标，并将结果保存至另一个目录中。通过模型管道的设置，脚本能够高效地处理图像数据，并在每张图像上应用目标检测算法。

　　在推理过程中，代码遍历指定目录中的每张图片，利用加载的模型进行目标检测。推理结果通常包含检测到的边界框的坐标、类别标签以及每个检测的置信度。置信度是衡量模型对检测结果信心程度的重要指标。

　　通过将置信度阈值 thresh 设置为 0.4，代码能过滤掉那些模型不太确定的检测结果，只保留置信度较高的目标。在这种情况下，大多数水边垂钓行为都能被成功检测出来，这表明模型在训练过程中学习到了有效的特征表示，并且能够在测试集上展现出良好的泛化能力，如图 12.6 所示。

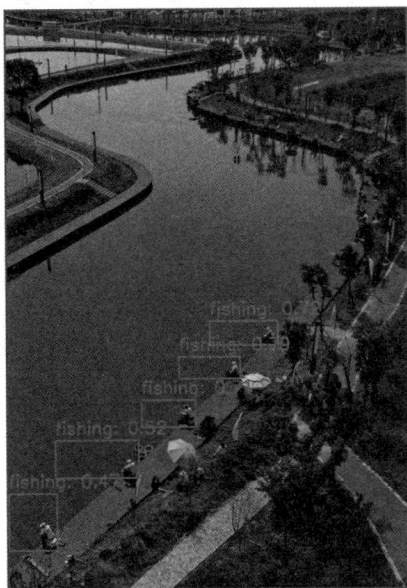

图 12.6　垂钓行为检测

设置较低的置信度阈值的原因有两个。

① 在测试集中,以很低置信度检测到的垂钓行为往往不是误识,而是真实存在的垂钓行为,并且边界框具有较高的精度。这可能是模型的特点,倾向于给出比较低的置信度。

② 在实际应用中,误识的代价应该被认为低于拒识。因为在误识的情况下,即使置信度较低,仍可以通过抵近观察或者多次确认来排除错误,最终还可以通过工作人员进行最终确认。但是,拒识则会导致错过真正的垂钓行为而无法补救。

在实际应用中,这个阈值可以根据实际情况进行调节,甚至可以基于不同的置信度进行不同的操作。测试中也发现当发生多人密集垂钓时,模型只能识别其中部分的垂钓行为,如图 12.7 所示。在模型的应用场景中,这是可以接受的,因为应用往往只需要关注某个方位是否有垂钓行为,而无须检测出所有的垂钓行为。因此,模型的检测结果可以满足实际需求,并且可以根据具体情况调整阈值以优化检测效果。

图 12.7　密集垂钓行为漏检

水边垂钓行为检测算法在无人巡逻船、陆地监控车辆和监控摄像头等应用场景中起到了核心的辅助作用。这些设备捕获丰富的图像数据,并利用内置模型进行实时识别。当算法识别出可能的垂钓行为时,系统会利用检测到的边界框大小、图像中的像素坐标,以及雷达测量的距离和方向精确计算出疑似垂钓行为与设备的相对位置。

此系统赋予设备自动调节观察角度或焦距的能力,保证获取清晰且全面的视觉数据,这对数据的后续处理至关重要。当系统以高置信度识别出垂钓行为时,它会自动激活广播警告功能,快速、有效地干预违规活动,从而显著提升管理效率。对于置信度低的检测结果,系统采用更谨慎的处理方法,即由人员远程审核,确认情况后再采取措施。这种处理机制大幅降低了误判的风险,保障了监管的准确性和公平性。

考虑到边缘设备的计算能力,DAMO-YOLO-S 模型以其轻量级和高效性成为优选。该模型具有较少的参数和低计算需求,能够在边缘设备上直接运行,保证快速响应和实时检测。在进行边缘推理时,使用 OpenVINO 加速器可以进一步提高处理速度,增强检测性能。

思考题

（1）对预训练模型进行迁移学习前，采集数据要注意哪些问题?

（2）对于垂钓行为，是否有更好的标注方法?

（3）讨论选择预训练的检测模型时需要注意的问题。

（4）如何优化迁移学习以获得比较好的识别效果?

（5）如何减少密集垂钓的漏检问题（因距离太远或遮挡）?

第 13 章

主副驾驶员安全带
佩戴情况检测

【本章导读】

　　本章探讨如何利用 DAMO-YOLO 算法有效实现车辆内主副驾驶员安全带佩戴情况的自动检测。首先对收集的主副驾驶员佩戴安全带的图像进行标注和数据增强。在此基础上，利用 ModelScope 平台进行迁移学习。为了在实际应用中实现高效的推理，在 OpenVINO 平台上对模型进行加速，提升模型的运行速度。

车辆驾驶过程中，安全带作为重要的安全装备，对于保障驾乘人员的生命安全具有不可替代的作用。在车辆发生碰撞或紧急制动时，安全带能够迅速限制驾乘人员的移动，减轻其受到的冲击，从而避免或减少伤害。因此，无论是主驾驶员还是副驾驶员，配备安全带都是必要的。

本案例使用 DAMO-YOLO 算法检测车辆内主副驾驶员安全带佩戴情况。为了训练 DAMO-YOLO 模型，进行了数据采集和标注工作。通过收集大量车辆内主副驾驶员的图像或视频数据，并对其中安全带佩戴情况进行准确标注，为后续的模型训练提供有力的数据支持。

为了增强模型的泛化能力和稳健性，对数据进行增强处理，提高数据的多样性和丰富性。然后，在 ModelScope 平台上进行迁移学习，有效提升模型的识别性能。

为了使 DAMO-YOLO 模型在实际应用中能够更快地实现安全带佩戴情况的自动检测，在 OpenVINO 平台上加速模型，提高系统的实时性。

13.1　数据采集

数据集通常用于分析、建模或训练机器学习模型。数据集的种类多种多样，包括文本、图像、音频等。数据集的质量对模型的最终效果起着决定性的作用。因此，数据集的收集和准备至关重要。本案例涉及的数据集由第三方提供，是使用 labelImg 工具标注的 VOC 格式的 JPEG 图像。LabelImg 是一种常用的图像标注工具，广泛应用于数据预处理中，用户通过在图像中标出边界框，并给其加上标签，形成一个样本。本案例主副驾驶员安全带佩戴情况数据集中的少数样本图像如图 13.1 所示。

图 13.1　主副驾驶员安全带佩戴情况数据集中的少数样本

数据集中的标注包含 5 个类别，涵盖车辆和主副驾驶员是否系安全带的情况，具体类别及其对应的样本数量如表 13.1 所示。

表 13.1　数据集标注类别和样本数量

类别	标注类别名称	样本数量
汽车	car	269
主驾驶员未系安全带	zhu_no	181
副驾驶员未系安全带	fu_no	29
主驾驶员系安全带	zhu_yes	12
副驾驶员系安全带	fu_yes	9

对于本案例中的数据集，采用 LabelImg 进行标注后，生成的 VOC 格式的 XML 文件内容如下。

```
<annotation>
<folder>JPEGImages</folder>
<filename>firc_1.jpg</filename>
<path>C:\Users\Administrator\Desktop\dc\JPEGImages\firc_1.jpg</path>
<source>
     <database>Unknown</database>
</source>
<size>
     <width>245</width>
     <height>500</height>
     <depth>3</depth>
</size>
<segmented>0</segmented>
<object>
     <name>car</name>
     <pose>Unspecified</pose>
     <truncated>0</truncated>
     <difficult>0</difficult>
     <bndbox>
          <xmin>76</xmin>
          <ymin>60</ymin>
          <xmax>133</xmax>
          <ymax>144</ymax>
     </bndbox>
</object>
<object>
     <name>car</name>
     <pose>Unspecified</pose>
     <truncated>0</truncated>
     <difficult>0</difficult>
     <bndbox>
          <xmin>13</xmin>
          <ymin>191</ymin>
          <xmax>235</xmax>
          <ymax>496</ymax>
     </bndbox>
</object>
<object>
     <name>zhu_no</name>
     <pose>Unspecified</pose>
     <truncated>0</truncated>
     <difficult>0</difficult>
     <bndbox>
          <xmin>120</xmin>
          <ymin>271</ymin>
          <xmax>202</xmax>
          <ymax>334</ymax>
     </bndbox>
</object>
<object>
```

```
            <name>fu_no</name>
            <pose>Unspecified</pose>
            <truncated>0</truncated>
            <difficult>0</difficult>
            <bndbox>
                <xmin>44</xmin>
                <ymin>277</ymin>
                <xmax>120</xmax>
                <ymax>337</ymax>
            </bndbox>
    </object>
    <object>
            <name>zhu_no</name>
            <pose>Unspecified</pose>
            <truncated>0</truncated>
            <difficult>0</difficult>
            <bndbox>
                <xmin>102</xmin>
                <ymin>87</ymin>
                <xmax>122</xmax>
                <ymax>104</ymax>
            </bndbox>
    </object>
    <object>
            <name>fu_no</name>
            <pose>Unspecified</pose>
            <truncated>0</truncated>
            <difficult>0</difficult>
            <bndbox>
                <xmin>82</xmin>
                <ymin>87</ymin>
                <xmax>101</xmax>
                <ymax>106</ymax>
            </bndbox>
    </object>
</annotation>
```

其中，<annotation>是整个标注文件的根节点，包含所有图像和物体的标注信息；<folder>指存储该图像的文件夹名；<filename>指图像的文件名；<path>指图像的完整文件路径；<source>指图像的来源信息；<size>指图像的尺度，<width>、<height>、<depth>分别指图像的宽度、高度和深度；<segmented>表示图像中的物体是否被分割；<object>描述图像中被标注的物体，<name>描述标注的物体类别，<pose>描述物体的姿态或方位，<truncated>描述物体是否被裁剪掉一部分，<difficult>描述该物体是否难以检测；<bndbox>定义物体在图像中的位置，<xmin>、<ymin>、<xmax>、<ymax>分别表示边界框左上角的 x 坐标、边界框左上角的 y 坐标、边界框右下角的 x 坐标、边界框右下角的 y 坐标。由于模型的训练需要用到 COCO 数据集格式，而 COCO 数据集的标注格式是 JSON，主要包括 images（图像的基本信息）、annotations（图像中的物体标注）、categories（每个类别的信息）三个部分，故需要将数据集从 VOC 格式转换为 COCO 格式。以下是将 VOC 格式的标注文件转换为 COCO 格式的 JSON 文件的代码实现：

```python
#导入必要的库
import json
import os
import xml.etree.ElementTree as ET  # 帮助读取和解析 Pascal VOC 格式的 XML 文件
# 定义一个函数，将 VOC 格式的标注文件转换为 COCO 格式的标注文件
def voc_to_coco(voc_path, coco_path):
    # voc_path 是 VOC 标注文件的路径，coco_path 是输出 COCO 格式文件的路径
    # 初始化 COCO 格式的字典结构
```

```python
coco = {
    "images": [],       # 存储图像信息
    "annotations": [], # 存储标注信息
    "categories": []    # 存储类别信息
}
# 创建一个类别映射, 将类别名称映射为一个唯一的 ID
category_map = {"car": 1, "zhu_no": 2, "fu_no": 3, "fu_yes": 4, "zhu_yes": 5}
# 为每个类别创建一个 categories 条目
for category, id_ in category_map.items():
    coco["categories"].append({"id": id_, "name": category})
annotation_id = 1 # 初始化标注的 ID 计数器
# 遍历 VOC 格式的标注文件夹中的所有 XML 文件
for idx, xml_file in enumerate(os.listdir(voc_path)):
    if xml_file.endswith('.xml'): # 确保处理的是 XML 文件
        tree = ET.parse(os.path.join(voc_path, xml_file)) # 解析 XML 文件
        root = tree.getroot()
        image_id = idx + 1 # 为每张图像分配一个唯一 ID
        filename = root.find('filename').text # 获取文件名
        width = int(root.find('size/width').text) # 获取图像宽度
        height = int(root.find('size/height').text) # 获取图像高度
        # 将图像的基本信息添加到 images 列表
        coco["images"].append({"id": image_id, "width": width, "height": height,
"file_name": filename})
        # 遍历 XML 文件中的每个对象 (即每个标注的物体)
        for obj in root.iter('object'):
            category_id = category_map[obj.find('name').text] # 获取物体类别的 ID
            # 获取并计算物体的边界框 (bndbox) 信息
            xmin = int(obj.find('bndbox/xmin').text) # 获取边界框左上角的 x 坐标
            ymin = int(obj.find('bndbox/ymin').text) # 获取边界框左上角的 y 坐标
            xmax = int(obj.find('bndbox/xmax').text) # 获取边界框右下角的 x 坐标
            ymax = int(obj.find('bndbox/ymax').text) # 获取边界框右下角的 y 坐标
            width = xmax - xmin # 求标注图片的宽度
            height = ymax - ymin # 求标注图片的高度
            # 将标注信息添加到 annotations 列表
            coco["annotations"].append({
                "id": annotation_id, # 标注的唯一 ID
                "image_id": image_id, # 图像 ID, 表示标注属于哪张图像
                "category_id": category_id, # 类别 ID, 表示物体的类别
                "bbox": [xmin, ymin, width, height], # 边界框的 4 个坐标
                "area": width * height, # 标注的面积
                "iscrowd": 0 # 是否为拥挤物体
            })
            annotation_id += 1 # 更新标注的 ID 计数器
# 将构建的 COCO 格式数据保存到 JSON 文件中
with open(coco_path, 'w') as f: # 以写的方式打开目标文件路径 coco_path
    json.dump(coco, f) # 将生成的 COCO 格式的字典 coco 写入 JSON 文件
# 使用实际的路径调用函数进行转换
voc_path = 'voc/annotations' # VOC 标注文件所在的文件夹路径
coco_path = 'coco_format.json' # 要保存的 COCO 格式 JSON 文件路径
voc_to_coco(voc_path, coco_path) # 进行格式转换
```

13.2　数据增强

数据增强技术能解决数据稀缺、数据不平衡、数据种类缺少等问题，能使训练出来的模型具有更好的泛化性及稳健性。本案例使用的 DAMO-YOLO 算法采纳了尺度感知自动数据增强技术，能够基于图像中不同目标的尺度差异，自动调整数据增强策略。此技术分为图像级增强和框级增强两部分。在图像级增强中，通过对原始图像进行旋转、翻转、缩放、亮度调节等操作，生成不同的变体，增加数据集的多样性，这些操作的执行依赖于特定的概率和幅度；框级增强则通过在图像中对目标进行颜色和几何变换操作实现目标的搜索与识别。

在 DAMO-YOLO 模型中，框级增强通过细致的颜色和几何变换丰富了模型的数据增强方式。这种增强策略包括一系列颜色增强（如自动对比度调整、颜色平衡等）和几何变换（如翻转、旋转、剪切、平移等），旨在通过模拟各种视觉变化来提升模型对复杂场景的适应性和对图像中的目标进行识别的准确性。以下代码对输入的图像（tensor）和目标（target）进行边界框增强，并根据配置参数（如最大迭代次数、尺度分割参数、增强概率等）动态调整增强的强度或应用频率。每次调用后，图像和目标的边界框都会根据当前的迭代次数进行增强。

```python
self.box_augs = Box_augs(box_augs_dict=box_augs_dict,  # 传入框级增强的配置字典
                    max_iters=self.max_iters,  # 最大迭代次数，用于控制增强强度或持续时间
                    scale_splits=scale_splits,  # 尺度分割参数，用于控制增强的尺度变化
                    box_prob=box_prob)  # 框级增强的概率，决定增强操作的应用频率
def __call__(self, tensor, target):
    # 计算当前迭代次数，考虑了批量大小和工作进程数的影响
    iteration = self.count // self.batch_size * self.num_workers
    # 对输入的图像 tensor 和目标 target 进行深拷贝，避免修改原始数据
    tensor = copy.deepcopy(tensor)
    target = copy.deepcopy(target)
    # 调用 box_augs 实例，对图像 tensor 和目标 target 进行增强，传入当前迭代次数
    tensor, target = self.box_augs(tensor, target, iteration=iteration)
    # 调用后增加计数器的值
    self.count += 1
    # 返回增强后的图像 tensor 和目标 target
    return tensor, target
```

颜色增强函数集合以及几何变换函数集合的代码如下。

```python
color_aug_func = {
    'AutoContrast',  # 自动对比度调整
    'Equalize',  # 直方图均衡化
    'SolarizeAdd',  # 应用 Solarize 效果并增加亮度
    'Color',  # 调整颜色平衡
    'Contrast',  # 调整对比度
    'Brightness',  # 调整亮度
    'Sharpness'  # 调整锐度
}
geometric_aug_func = {
    'hflip',  # 水平翻转
    'rotate',  # 旋转
    'shearX',  # 沿 x 轴剪切
    'shearY',  # 沿 y 轴剪切
    'translateX',  # 沿 x 轴平移
    'translateY'  # 沿 y 轴平移
}
```

13.3 模型训练

如果采用传统的机器学习或深度学习方式来进行模型训练，那么必然需要大量的数据集和较长的训练时长。而迁移学习是一种机器学习方法，它能够利用在一个任务中学到的知识，解决相关的不同任务。通过迁移学习，重用先前任务的学习成果，然后对其进行微调，即可在数据量较少的情况下，用较短的时间获得一个优质的训练模型。本案例采用迁移学习的方式进行模型训练，使用基于 damoyolo_tinynasL25_S 预训练模型进行迁移学习，该模型可以从 ModelScope 平台获取。此次迁移学习采用了 PyTorch 的分布式数据并行（Distributed Data Parallel，DDP）框架，支持跨多台机器和多个 GPU 进行训练。考虑到模型规模较小，每个批次都配置了 32 个样本，在单个 GeForce RTX 3090 GPU 上进行训练。模型获取方法如下。

```
#模型下载
from modelscope import snapshot_download
model_dir = snapshot_download('iic/cv_tinynas_object-detection_damoyolo')
```

分布式训练是一种通过多台机器或多个计算设备（如 GPU、TPU）并行训练机器学习模型的方式，目的是加快训练过程、处理大规模数据集及训练更复杂的模型。分布式训练可以显著提高模型的训练效率，尤其深度学习模型的训练。常见的分布式训练策略主要包括数据并行、模型并行、流水线并行等。本案例为了实现分布式训练，使用 PyTorch 的 DDP 框架，并通过设置环境变量来定义 MASTER_ADDR、WORLD_SIZE 和 RANK 等关键配置信息，同时利用 CUDA 进行训练加速。这种方法可以有效地利用硬件资源，提高训练效率。配置命令如下。

```
$ MASTER_ADDR='192.168.11.65' MASTER_PORT=28765 RANK=0 WORLD_SIZE=1 torchrun
--nproc_per_node=1 /mnt/nfs-k8s/share/project/DAMO-YOLO/tools/train.py -f /mnt/nfs-k8s/
share/project/DAMO-YOLO/configs/damoyolo_tinynasL25_S.py
```

其中，MASTER_ADDR 是分布式训练中的主节点地址；MASTER_PORT 是主节点的端口号；RANK 是进程的排名编号；WORLD_SIZE 是训练中的总进程数，即整个分布式系统中所有节点的数量；torchrun 是 PyTorch 提供的启动分布式训练进程的命令；/mnt/nfs-k8s/share/project/DAMO-YOLO/tools/train.py 是要执行的训练脚本的路径，该路径指定了训练任务的主脚本，负责加载数据集、设置模型结构、定义优化器和训练过程等。此脚本具体包含了训练逻辑，并接受从命令行传入的配置参数；-f/mnt/nfs-k8s/share/project/DAMO-YOLO/configs/damoyolo_tinynasL25_S.py 用于指定配置文件，配置文件包含了模型架构、数据集路径、训练超参数（如学习率、批量大小等）以及各种增强和训练策略。

训练使用的配置文件，用于设置 DAMO-YOLO 模型训练的配置参数。配置覆盖了训练过程中的优化器配置、数据增强策略，以及数据集配置。优化器配置和数据增强策略是两个核心。优化器在深度学习训练过程中起着至关重要的作用，它通过调整模型的参数来最小化损失函数，从而使模型更好地学习输入数据的特征。每种优化器及其相关配置都会影响模型的收敛速度、稳定性以及最终的精度表现。本案例的优化器配置包括批量大小、基础学习率、最小学习率比例、权重衰减、动量以及特定训练轮数的设置。数据增强是一种在训练过程中通过随机修改训练数据来扩充样本集的方法。它可以提高模型的泛化能力，减少对训练数据的依赖，从而改善模型在未见过的数据上的表现。数据增强策略则详细定义了数据增强方法的参数，例如图像尺寸调整范围、混合增强概率、随机旋转角度、平移比例、剪切强度和马赛克增强的尺寸比例，可以提升模型的泛化能力。此外，还明确了训练集和测试集的标注信息。整个配置过程的代码如下：

```
from damo.config import Config as MyConfig
class Config(MyConfig):
    def __init__(self):
```

```
        super(Config, self).__init__() # 调用父类构造函数进行初始化
        # 优化器配置部分
        self.train.batch_size = 48 # 设置训练时的批量大小
        self.train.base_lr_per_img = 0.01 / 64 # 设置基础学习率, 按每张图像调整
        self.train.min_lr_ratio = 0.05 # 设置最小学习率比例
        self.train.weight_decay = 5e-4 # 设置权重衰减, 用于正则化和防止过拟合
        self.train.momentum = 0.9 # 设置动量, 加快训练速度并提高稳定性
        self.train.no_aug_epochs = 16 # 设置不使用数据增强的初始训练轮数
        self.train.warmup_epochs = 5 # 设置预热周期, 逐渐将学习率从低到高调整至基础学习率

        # 数据增强策略部分
        self.train.augment.transform.image_max_range = (640, 640) # 设置图像尺寸的最大范围
        self.train.augment.mosaic_mixup.mixup_prob = 0.15 # 设置混合增强概率
        self.train.augment.mosaic_mixup.degrees = 10.0 # 设置随机旋转的最大角度
        self.train.augment.mosaic_mixup.translate = 0.2 # 设置平移比例
        self.train.augment.mosaic_mixup.shear = 2.0 # 设置剪切强度
        self.train.augment.mosaic_mixup.mosaic_scale = (0.1, 2.0) # 设置马赛克增强的尺寸比例

        # 数据集配置部分
        self.dataset.train_ann = ('bell_train_coco', ) # 指定训练集的标注文件
        self.dataset.val_ann = ('bell_val_coco', ) # 指定测试集的标注文件
```

骨干网络是深度学习模型中的基础结构, 负责从输入数据 (通常是图像) 中提取特征。配置骨干网络涉及选择适当的网络架构 (如 ResNet、MobileNet、EfficientNet 等)、调整层次结构、是否使用预训练权重、是否冻结部分层等。这些配置决定了模型的特征提取效率、计算量和推理速度。本案例在配置骨干网络时, 采用了字典形式的配置来明确指定关键特征和参数, 提高模型对不同尺寸目标的检测能力及整体性能。以下配置详细描述了模型的结构和特性, 包括骨干网络的名称或类型、通过读取特定路径文件获得的网络结构描述字符串、指定输出特征图的层级。此外, 模型中引入空间金字塔池化和 Focus 模块, 这两种技术分别用于增强模型对不同尺度特征的处理能力和聚焦于图像细节, 进一步优化性能。配置代码如下:

```
self.model.backbone = {
    'name': 'TinyNAS_res', # 指定骨干网络 backbone 的名称或类型
    'net_structure_str': self.read_structure('/path/to/tinynas_L25_k1kx.txt'), # 从
文件读取网络结构描述字符串
    'out_indices': (2, 4, 5), # 指定输出特征图的层级, 这些特征图将被进一步处理或用于预测
    'with_spp': True, # 使用空间金字塔池化, 增强模型对不同尺度特征的处理能力
    'use_focus': True,
    'act': 'relu', # 指定激活函数, relu 是常用的激活函数之一
    'reparam': True, # 是否对模型进行重参数化
}
```

neck 是目标检测、语义分割、实例分割等深度学习模型中连接骨干网络和头部的中间部分。它的主要任务是对骨干网络提取的特征进行进一步处理, 以便更好地应用于后续的检测、分类或分割任务。neck 通常负责融合、增强不同尺度的特征, 并将处理后的特征图传递给模型的头部, 发挥着特征融合、多尺度特征处理、特征增强、降低计算复杂度等作用。本案例模型的 neck 的配置部分旨在高效地处理和融合不同层次的特征。此配置描述了深度系数、隐藏层通道数的比例、输入和输出通道数、激活函数类型、是否使用某种特定池化技术, 以及组件的构建模块

类型。配置代码如下：

```
self.model.neck = {
    'name': 'GiraffeNeckV2',  # 指定 neck 部分的类型或名称
    'depth': 1.0,  # 设置深度系数，可以用来调整模型的复杂度和容量
    'hidden_ratio': 0.75,  # 隐藏层通道数的比例，影响处理特征的能力
    'in_channels': [128, 256, 512],  # 输入通道数，应与 backbone 的输出相匹配
    'out_channels': [128, 256, 512],  # 输出通道数，决定了传递给 head 的特征数量
    'act': 'relu',  # 指定激活函数类型，ReLU 是常用的激活函数之一
    'spp': False,  # 表明是否在 neck 中使用空间金字塔池化
    'block_name': 'BasicBlock_3x3_Reverse',  # 指定构成 neck 的基本模块类型
}
```

head 是深度学习模型中的最后一个部分，负责将经过 backbone 和 neck 处理的特征图用于具体任务的输出。不同任务（如目标检测、图像分类、语义分割等）有不同的 head 设计。head 的主要任务是对模型最终生成的特征图进行处理，输出具体的预测结果，发挥着输出预测结果、多任务处理、目标定位、分类和回归等作用。本案例 head 的配置适用于检测 car、zhu_no、fu_no、fu_yes、zhu_yes 5 种类别，旨在简化模型结构的同时保持较高的检测性能。配置头部以及数据集类别名称的过程代码如下：

```
    # 配置模型的头部（head）
self.model.head = {
    'name': 'ZeroHead',  # 指定头部的类型或名称
    'num_classes': 5,  # 模型需要识别的类别数
    'in_channels': [128, 256, 512],  # 输入通道数，与模型的特征提取部分的输出匹配
    'stacked_convs': 0,  # 堆叠的卷积层数量，用于增加模型复杂度和增强提取能力
    'reg_max': 16,  # 边界框回归的最大值，影响模型的定位精度
    'act': 'silu',  # 指定激活函数类型，SiLU 是 Sigmoid 线性单元
    'nms_conf_thre': 0.05,  # NMS 的置信度阈值，用于过滤低置信度的预测
    'nms_iou_thre': 0.7,  # NMS 的 IoU 阈值，用于处理边界框之间的重叠
    'legacy': False,  # 是否使用遗留模式，影响模型结构或功能的某些方面
}

# 配置数据集类别名称
self.dataset.class_names = ['car', 'zhu_no', 'fu_no', 'fu_yes', 'zhu_yes']
```

通过分析 DAMO-YOLO 模型的训练日志，可以看出模型各项评价指标正常，在分类准确性、边界框回归精度以及分布焦点损失控制等方面都有良好的表现。特别是在不同尺寸的目标检测方面，模型展现了对小尺寸至大尺寸目标的良好识别能力。

13.4　使用 ModelScope 框架实现模型

ModelScope 是一个开源机器学习开发框架，旨在简化人工智能应用的开发过程，帮助开发者快速构建、训练、推理以及部署机器学习和深度学习模型。利用 ModelScope 框架，加载模型并构建推理 pipeline，以便对输入的彩色图像进行预测。在预测过程中，模型生成了每个检测对象的置信度、标签和边界框信息，为进一步的分析和应用提供了基础数据。输出内容如下。

```
result = {
    # 置信度数组，每个元素对应检测到的一个对象，表示模型对该对象检测结果的置信程度
    'scores': array([0.9286781, 0.9070448, 0.88434124, 0.6093912], dtype=float32),
```

```
    # 标签数组，与 scores 一 一对应，表示每个检测到的对象的类别
    'labels': ['car', 'zhu_no', 'car', 'fu_no'],
    # 边界框数组，每行对应一个检测到的对象，每行的 4 个数值分别代表边界框的左上角和右下角的坐标(x_min,
y_min, x_max, y_max)
    'boxes': array([
        [7.2075195, 189.76715, 241.33951, 489.42877],   # 第一个检测到的对象的边界框
        [123.828766, 273.13788, 202.07175, 336.17633],   # 第二个检测到的对象的边界框
        [74.5944, 59.994545, 130.47594, 144.76256],   # 第三个检测到的对象的边界框
        [40.122498, 279.29065, 119.79253, 342.2582]   # 第四个检测到的对象的边界框
    ], dtype=float32)
}
```

进行模型推理时，预测图像中的目标，并以字典形式输出每个目标的置信度、标签和边界框。在预测结果中，将标签字符串转换为预定义的数字标识，使其便于进行后续处理。随后，将预测结果覆盖在原图上，以直观展示检测到的目标及其边界框。最终，检测结果图像被保存在指定路径下，方便用户查看和进一步使用。这个过程实现了在 ModelScope 框架内进行模型推理和结果可视化。代码如下：

```
# 导入所需的库和模块
from modelscope.pipelines import pipeline
from modelscope.utils.constant import Tasks
from modelscope.models import Model
import os
import cv2
from damo.utils import vis
import numpy as np
from PIL import Image
# 从指定路径加载预训练模型
model = Model.from_pretrained(model_name_or_path='./configs')
# 创建对象检测任务的 pipeline，指定任务类型和模型
p = pipeline(task=Tasks.image_object_detection, model=model)
# 指定待检测的图像路径
image = '/path/to/image.jpg'
# 执行对象检测
result = p(image)
print(result)  # 输出检测结果
# 定义类别名称到索引的映射
dict = {"car": 0, "zhu_no": 1, "fu_no": 2, "fu_yes": 3, "zhu_yes": 4}
ll = result['labels']  # 获取检测结果中的标签列表
# 将检测结果中的类别名称转换为对应的索引
i = 0
for l in result['labels']:
    ll[i] = dict[l]
    i += 1
# 加载原始图像并转换为 RGB 格式的 NumPy 数组
origin_img = np.asarray(Image.open(image).convert('RGB'))
# 使用 vis() 函数在原始图像上绘制边界框和标签
vis_img = vis(origin_img, result['boxes'], result['scores'], ll, class_names=['car',
'zhu_no', 'fu_no', 'fu_yes', 'zhu_yes'])
# 指定保存标注后图像的路径
save_path = os.path.join("./workdirs", "1.jpg")
print(f"save visualization results at {save_path}")
# 保存标注后的图像
cv2.imwrite(save_path, vis_img[:, :, ::-1])  # 注意，cv2 在写入图像时使用 BGR 格式，因此需要
将 RGB 格式转换为 BGR 格式
```

13.5　在 OpenVINO 平台加速模型

　　OpenVINO 是一个开源工具套件，旨在帮助开发者加速深度学习模型的推理并将其部署到各种硬件平台，包括 CPU、GPU、VPU（视觉处理单元）、FPGA 和英特尔的 Movidius 神经计算棒等。它主要用于计算机视觉、语音识别和自然语言处理等任务。本案例通过一个 Python 脚本实现将 PyTorch 模型导出为 ONNX 格式，目的是在 OpenVINO 平台上部署模型，同时尝试简化模型以优化性能。在这个过程中，模型的某些激活函数被替换成自定义版本，RepConv 层被切换到部署模式，而模型头部的 NMS 操作被禁用，以确保模型能够成功导出为 ONNX 格式。然后利用 onnxsim 对导出的 ONNX 模型进行简化，目的是减小模型并提升执行效率。简化后的模型被保存到指定文件中。实现代码如下：

```
# 构建本地模型，参数从配置文件和指定的设备获取
model = build_local_model(config, device)
# 加载预训练权重
# 从 args.ckpt 指定的路径加载预训练权重文件，并将其加载到模型中
ckpt = torch.load(args.ckpt, map_location=device)
model.load_state_dict(ckpt, strict=True)
# 替换模型中的 SiLU 激活函数为自定义的版本，以便进行后续的导出操作
model = replace_module(model, nn.SiLU, SiLU)
# 遍历模型中的所有层，特别是将 RepConv 层切换到适合部署的模式
for layer in model.modules():
    if isinstance(layer, RepConv):
        layer.switch_to_deploy()
# 禁用模型头部的 NMS 操作，这一步是因为 ONNX 格式可能不直接支持 NMS 操作
model.head.nms = False
# 准备一个随机输入，用于后续的模型导出测试
dummy_input = torch.randn(args.batch_size, 3, args.img_size, args.img_size).to
(device)
# 运行一次模型，确保无误
_ = model(dummy_input)
# 导出模型为 ONNX 格式，指定输入、输出的名称和使用的 opset 集版本
torch.onnx._export(
    model, #要导出的 PyTorch 模型
    dummy_input, #导出时需要的输入张量
    onnx_name, #导出的 ONNX 文件名称
    # input_names 和 output_names 指定输入和输出的名称
    input_names=[args.input],
    output_names=['num_dets', 'det_boxes', 'det_scores', 'det_classes'] if args.
end2end else [args.output],
    opset_version=args.opset, #opset_version：指定 ONNX 的操作集版本
)
# 加载导出的 ONNX 模型
onnx_model = onnx.load(onnx_name)
# 使用 onnxsim 对 ONNX 模型进行简化，以减小模型并提升性能
try:
    import onnxsim
    logger.info('Starting to simplify ONNX...')
    onnx_model, check = onnxsim.simplify(onnx_model) #简化 ONNX 模型，减少模型中的冗余操作，
从而加快推理速度并减少模型大小
    assert check, 'check failed' #用于验证简化过程是否成功
except Exception as e:
```

```
        logger.info(f'simplify failed: {e}')
# 保存简化后的 ONNX 模型
onnx.save(onnx_model, onnx_name)
logger.info('Generated ONNX model named {}'.format(onnx_name))
```

　　对几张随机选取的图像进行检测，模型以较高的置信度成功识别出了汽车和未佩戴安全带的情况，如图 13.2 所示。模型可部署于道路边缘设备，通过显示屏向驾驶员发出提醒，以促使其规范佩戴安全带。

图 13.2　安全带佩戴识别结果

　　模型推理是指在深度学习或机器学习中，将训练好的模型应用于新数据以生成预测或分类结果的过程。推理通常是机器学习模型在生产环境中的核心任务，它将模型的知识用于实际应用中，如图像识别、语音识别、文本分析等。下面验证 OpenVINO 的推理功能：使用 OpenVINO 转换并优化 ONNX 模型，用于图像的推理处理。通过 build_ov_engine() 函数加载 ONNX 模型文件并利用 OpenVINO 的 Core 类将模型编译成针对 CPU 设备优化后的模型，同时获取模型的输入名称和输入形状信息，以备后续使用。在类初始化或适当时机调用 build_ov_engine() 函数，准备模型和输入相关信息。在推理阶段，forward() 函数对输入图像进行预处理，调整尺寸和格式，然后将处理后的图像数据送入编译好的模型进行推理。最后，利用后处理函数解析模型输出，获取边界框、置信度和类别索引等信息，输出并返回这些推理结果。这一流程包括从模型加载、预处理、推理到后处理的完整过程，展示了 OpenVINO 在模型优化和推理加速方面的应用。主要代码如下。

```
# 定义构建 OpenVINO 的函数, 用于转换并优化 ONNX 模型以在 OpenVINO 上运行
def build_ov_engine(self, onnx_path):
    print("build_openvino_engine")
    # 导入 OpenVINO 库
    import openvino as ov
    # 创建 OpenVINO 核心对象
    core = ov.Core()
    # 读取 ONNX 模型文件
    model = core.read_model(model=onnx_path)
    # 编译模型以在指定设备 (此处为 CPU) 上运行
    compiled_model = core.compile_model(model=model, device_name="CPU")
    # 获取模型的输入名称
    input_name = compiled_model.input(0).names
    # 获取模型的输入形状
    input_shape = compiled_model.input(0).shape
    # 提取输入的高和宽, 用于后续图像处理
    input_shapes = [input_shape[2], input_shape[3]]
    # 返回编译后的模型、输入名称和输入形状
    return compiled_model, input_name, input_shapes
# 在类初始化或适当时机调用 build_ov_engine() 来构建 OpenVINO
model, self.input_name, self.infer_size = self.build_ov_engine(self.ckpt_path)
# 定义前向传播函数, 用于执行模型推理
def forward(self, origin_image):
    # 对输入图像进行预处理, 如调整大小、归一化等
    image, origin_shape = self.preprocess(origin_image)
    # 将处理后的图像转换为 NumPy 数组
    image_np = np.asarray(image.tensors.cpu())
    # 使用 OpenVINO 模型执行推理
    output = model([image_np])
    # 对模型输出进行后处理, 如解析边界框、置信度和类别索引
    bboxes, scores, cls_inds = self.postprocess(output, image, origin_shape=
origin_shape)
    # 输出检测结果
    print(bboxes, scores, cls_inds)
    # 返回边界框、置信度和类别索引
    return bboxes, scores, cls_inds
```

预处理和后处理的过程如下。

```
# 定义预处理函数, 对输入图像进行必要的变换和调整
def preprocess(self, origin_img):
    # 根据测试配置对图像进行变换, 如缩放等
    img = transform_img(origin_img, 0, **self.config.test.augment.transform,
infer_size=self.infer_size)
    oh, ow, _ = origin_img.shape  # 获取原始图像的尺寸
    # 根据推理尺寸进行图像填充, 保证输入模型的图像尺寸一致
    img = self._pad_image(img.tensors, self.infer_size)
    img = img.to(self.device)  # 将处理后的图像转移到指定的设备 (如 GPU) 上
    return img, (ow, oh)  # 返回处理后的图像和原始图像的宽、高
# 定义后处理函数, 对模型的预测结果进行解析和处理
def postprocess(self, preds, image, origin_shape=None):
    from damo.utils import postprocess  # 导入后处理工具
    # 将预测结果 (置信度和边界框) 转换为 Tensor 格式
    scores = torch.Tensor(preds[0])
```

```
        bboxes = torch.Tensor(preds[1])
        # 调用后处理工具进行 NMS 等操作，清除重叠的边界框，提升检测结果的准确性
        output = postprocess(scores, bboxes, self.config.model.head.num_classes,
self.config.model.head.nms_conf_thre,self.config.model.head.nms_iou_thre, image)
        output = output[0].resize(origin_shape)   # 将输出调整回原始图像尺寸
        # 从处理后的结果中提取边界框、置信度和类别索引
        bboxes = output.bbox
        scores = output.get_field('scores')
        cls_inds = output.get_field('labels')
        return bboxes, scores, cls_inds   # 返回处理后的边界框、置信度和类别索引
```

在输出图像中对 car 和 zhu_no 的位置进行识别，并标明边界框和类别信息。如果 zhu_no 被标出，说明主驾驶员出现安全带未佩戴的情况，如图 13.3 所示。

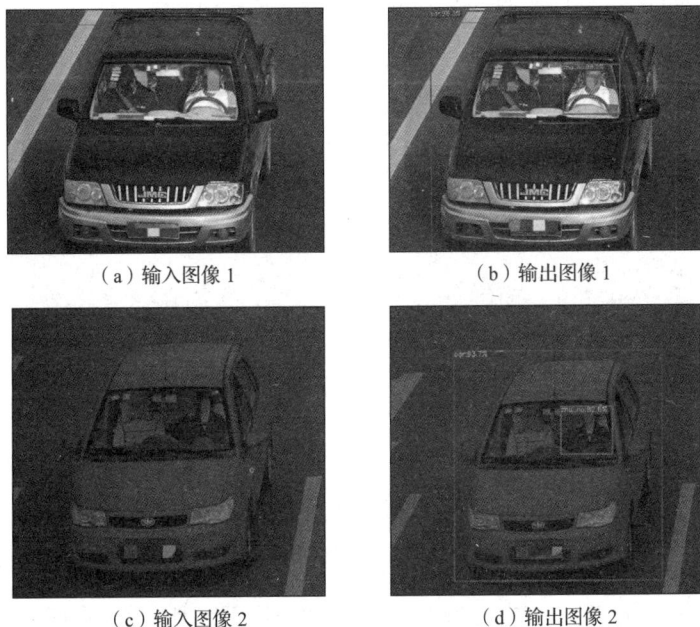

（a）输入图像 1　　　　　　　　　（b）输出图像 1

（c）输入图像 2　　　　　　　　　（d）输出图像 2

图 13.3　结果样例

本案例利用 DAMO-YOLO 算法、数据采集与标注、数据增强、迁移学习以及 OpenVINO 平台加速等技术手段，实现了对车辆内主副驾驶员安全带佩戴情况的自动检测，并取得了较好的识别效果。这一技术具有广泛的应用前景和重要的社会价值。本案例展示了在有限的数据下，利用预训练模型进行迁移学习仍然可以实现有效的模型训练和性能提升。可以通过增加数据和优化模型等措施提高模型的性能。

思考题

（1）标注主副驾驶员安全带佩戴检测样本时是否要标注安全带？为什么？

（2）还可以对主副驾驶员安全带佩戴检测样本进行哪些数据增强工作？

（3）讨论迁移学习参数更新层次的选择对训练和模型性能的影响。

（4）补充其他检测算法的检测实验，并比较该算法与 DAMO-YOLO 算法的性能。

（5）讨论 OpenVINO 平台对 DAMO-YOLO 算法的加速作用。

附录 1　OpenVINO 的常用操作

本附录将通过实际案例，阐述如何把预训练的模型格式转换为 OpenVINO 推理加速的中间文件格式，再将中间文件在 OpenVINO 进行加速推理。最后，讨论通过量化操作，进一步提高推理的速度。

首先按照本书第 1 章介绍的方法安装 OpenVINO，然后进行下面的操作。

1. 预训练模型的下载

OpenVINO 支持 Pytorch、Tensorflow、Paddlepaddle 等开源框架开发的预训练模型加速。预训练的模型可以在 GitHub 的 modelzoo 下载。下载命令代码如下：

```
omz_downloader -name <model_name>
```

具体命令如：

```
omz_downloader -name resnet-50-pytorch
```

也可以从预定地址下载预训练的模型，如从 torchvision 下载 resnet50 模型，代码如下：

```
from torchvision.models import resnet50, ResNet50_Weights
# 产生模型对象
pytorch_model = resnet50(weights=ResNet50_Weights.DEFAULT)
#把模型转换为推理模式
pytorch_model.eval()
```

2. 格式转换

为了便于 OpenVINO 推理加速，需要把预训练的模型格式先转换为 ONNX（Open Neural Network Exchange，开放式神经网络交换）格式，然后再转换为 IR（Intermediate Representation，中间表示）格式，包括存储模型结构的 XML 文件及模型参数的二进制 BIN 文件。

ONNX 是一个开放的深度学习模型交换格式，它定义了一组与环境和平台无关的标准格式，支持将模型从一个深度学习框架转换到另一个深度学习框架，以便在不同的平台上进行推理。ONNX 可以将不同的深度学习框架（如 PyTorch、TensorFlow 等）训练的模型转换为通用的 ONNX 格式，实现模型在不同框架之间的互操作。ONNX 可以用于将训练好的模型部署到 CPU、GPU 和专用加速器等平台运行。

可以到 GitHub 下载 export.py 文件，将预训练的模型（支持 TensorFlow、PyTorch 等框架）转换为标准的 ONNX 格式：

```
python export.py --weights yolov5s.pt --include torchscript onnx
```

或者到 openvino 网站下载 openvino_toolkit 文件，在命令行执行解压后的批处理文件 setupvars，然后用下面的命令转换：

```
python export.py --weights yolov5s.pt --include openvino
```

转换后可得到 ONNX 文件和 BIN、XML 文件，如附图 1.1 所示。

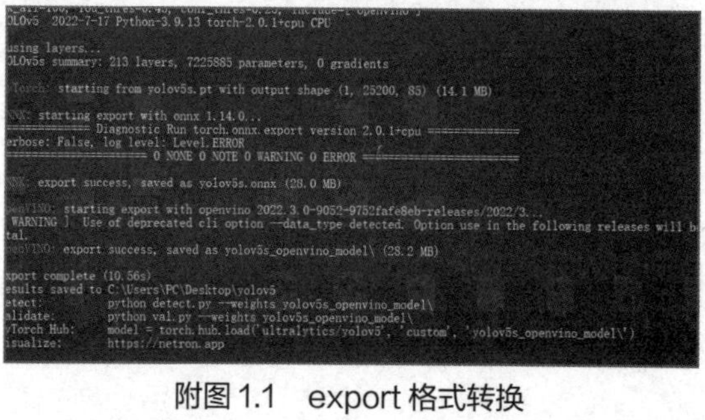

附图 1.1　export 格式转换

也可以使用 notebook 代码直接将 Pytorch（扩展名为 pt）、Tensorflow（扩展名为 pb）等开源框架的预训练模型转换为 IR 文件，或先转换为 ONNX 格式，再转换为 IR 格式。具体代码如下：

```
!pip install -q "openvino>=2023.1.0"
!pip install nncf
import nncf
from pytorch_cifar_models import cifar10_mobilenetv2_x1_0
import openvino as ov
!git clone https://github.com/chenyaofo/pytorch-cifar-models.git
model = cifar10_mobilenetv2_x1_0(pretrained=True)
model.eval()
#生成 IR 格式的 XML 和 BIN 文件
ov_model = ov.convert_model(model, input=[1, 3, 32, 32])
ov.save_model(ov_model,"./mobilenet_v2.xml")
```

其中，NNCF（Neural Network Compression Framework，神经网络压缩框架）是一个易于使用的深度学习模型压缩框架，支持量化、剪枝、混合精度训练和多阶段优化等技术，可以在保持模型精度的同时显著提高性能。NNCF 可以减小模型规模，降低内存消耗和提高推理速度，从而在资源有限的边缘计算设备、移动设备上部署深度学习模型。

把 ONNX 格式的文件转换为 IR 格式也可以使用 OpenVINO 早期的 openvino.tools.mo.convert_model 方法，ov.convert_model 可以看成 mo 的轻量级版本，代码如下：

```
from openvino.tools import mo
ov_model = mo.convert_model(mobilenet_v2.onnx, layout="nchw")
ov.save_model(ov_model,"./model/mobilenet_v2.xml")
```

3. 模型的量化

量化是指将深度学习模型中的参数和激活值浮点数转换为低比特的整数或定点数的表示形式，以减小模型的大小，加速推理过程，并尽量减少模型的性能损失。量化主要有以下两种。

（1）训练中量化：模型的权重和激活在前向传播时量化，在反向传播时使用高精度的表示。

（2）训练后量化：不需要重新训练模型，在一个训练好的模型上应用，通过统计信息来确定最佳量化参数。

在 OpenVINO 中，量化可以通过 nncf.quantize 完成：

```
quant_ov_model= nncf.quantize(ov_model,quantization_dataset)
```

其中，quantization_dataset 是支持模型量化的基础数据集。量化后的模型可以存储备用：

```
ov.save_model(quant_ov_model,"./model/quantized_mobilenet_v2.xml")
core=ov.Core()
#这里的 device 是推理设备 CPU 或 GPU
optimized_compiled_model=core.compile_model(quant_ov_model,device.value)
```

附录2 Modelscope 平台使用方法

本附录将通过图像分类的案例，介绍 Modelscope 平台的使用方法，使读者从中体会替代码开发的便利。

（1）首先，打开 ModelScope 网站，进入模型库，如附图 2.1 所示。

附图 2.1 Modelscope 模型库

（2）模型库中有很多预训练的深度学习模型，涉及计算机视觉、自然语言处理、语音、多模态和科学计算等领域。这里选择计算机视觉→视觉分类→通用分类的通用模型，以使用BEiTv2 图像分类-通用-large 模型为例，进行图像分类任务的微调演示，如附图 2.2 所示。

附图 2.2 预训练模型 BEiTv2

直接调用这个预训练模型 BEiTv2，如附图 2.3 所示。

```
代码范例

from modelscope.pipelines import pipeline
from modelscope.utils.constant import Tasks

img_path = 'https://modelscope.oss-cn-beijing.aliyuncs.com/test/images/bird.JPEG'
image_classification = pipeline(Tasks.image_classification,
                    model='damo/cv_beitv2-large_image-classification_patch16_224_pt1k_ft22k_in1k')
result = image_classification(img_path)
print(result)
```

（a）调用的代码

（b）调用的效果

附图 2.3　预训练模型 BEiTv2 的调用

在 notebook 中打开这个程序，需注册后登录。选择 PAI-DSW 的 CPU 或 GPU 环境，注册后登录阿里云账号，启动 notebook，如附图 2.4 所示。

附图 2.4　启动 notebook

在 notebook 中执行上述示例代码，如附图 2.5 所示。

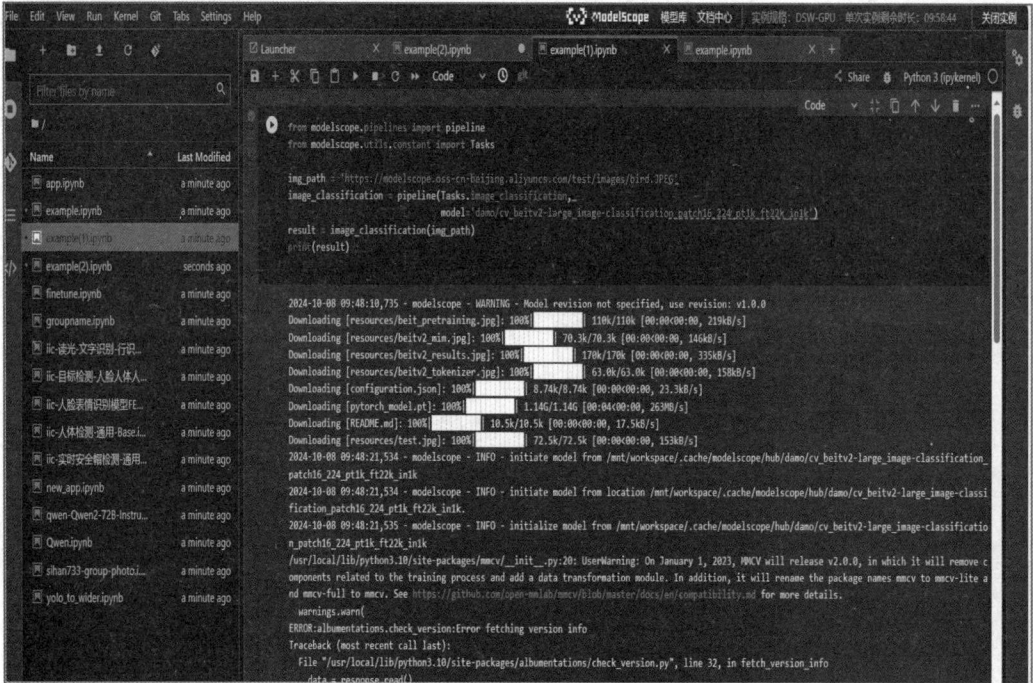

附图 2.5　执行 BEiTv2 模型调用代码

由于 BEiTv2 图像分类模型基于 ImageNet-1K（支持 ImageNet-1K 标签体系的 1000 类分类）、ImageNet-21K（包括 1400 万张带注释的图像，共 21841 个类别）等公开数据集进行训练。在其他存在与训练数据分布有偏差的下游任务中使用前，为获得较好的性能，需要追加相关领域数据进行微调（Fine-Tune）。这里的微调使用了托管在 Modelscope DatasetHub 上的小型数据集 mini_imagenet100，迁移学习前做 Resize、Normalize 和 CenterCrop 等预处理。

微调的代码如下：

```python
from modelscope.msdatasets import MsDataset
from modelscope.metainfo import Trainers
from modelscope.trainers import build_trainer
import tempfile

model_id = 'iic/cv_beitv2-large_image-classification_patch16_224_pt1k_ft22k_in1k'
# 加载数据
ms_train_dataset = MsDataset.load(
        'mini_imagenet100', namespace='tany0699',
        subset_name='default', split='train')     # 加载训练集
ms_val_dataset = MsDataset.load(
        'mini_imagenet100', namespace='tany0699',
        subset_name='default', split='validation') # 加载测试集
tmp_dir = tempfile.TemporaryDirectory().name # 使用临时目录作为工作目录
# 修改配置文件
def cfg_modify_fn(cfg):
    cfg.train.dataloader.batch_size_per_gpu = 4  # batch 大小
```

```
        cfg.train.dataloader.workers_per_gpu = 1        # 每个 GPU 的 worker 数目
        cfg.train.max_epochs = 1                        # 最大训练轮次
        cfg.model.mm_model.head.num_classes = 100       # 分类数
        cfg.model.mm_model.head.loss.num_classes = 100
        cfg.train.optimizer.lr = 1e-4                   # 学习率
        cfg.train.lr_config.warmup_iters = 1            # 预热次数
        return cfg
# 构建训练器
kwargs = dict(
        model=model_id,                    # 模型 ID
        work_dir=tmp_dir,                  # 工作目录
        train_dataset=ms_train_dataset,    # 训练集
        eval_dataset=ms_val_dataset,       # 测试集
        cfg_modify_fn=cfg_modify_fn        # 用于修改训练配置文件的回调函数
        )
trainer = build_trainer(name=Trainers.image_classification, default_args=kwargs)
# 进行训练
trainer.train()
# 进行评估
result=trainer.evaluate()
print('result:',result)
```

可以看到，上述代码比较简单，训练数据和验证数据的加载可以使用 MsDataset 中的 load() 方法。在配置函数 cfg_modify_fn() 修改样本批量大小（batch-size）、训练轮次、初始学习率、分类数等相关超参数，并在训练器 kwargs 配置训练集和测试集，即可进行微调训练 train() 和性能评估 evaluate()。微调界面和结果分别如附图 2.6 和附图 2.7 所示。

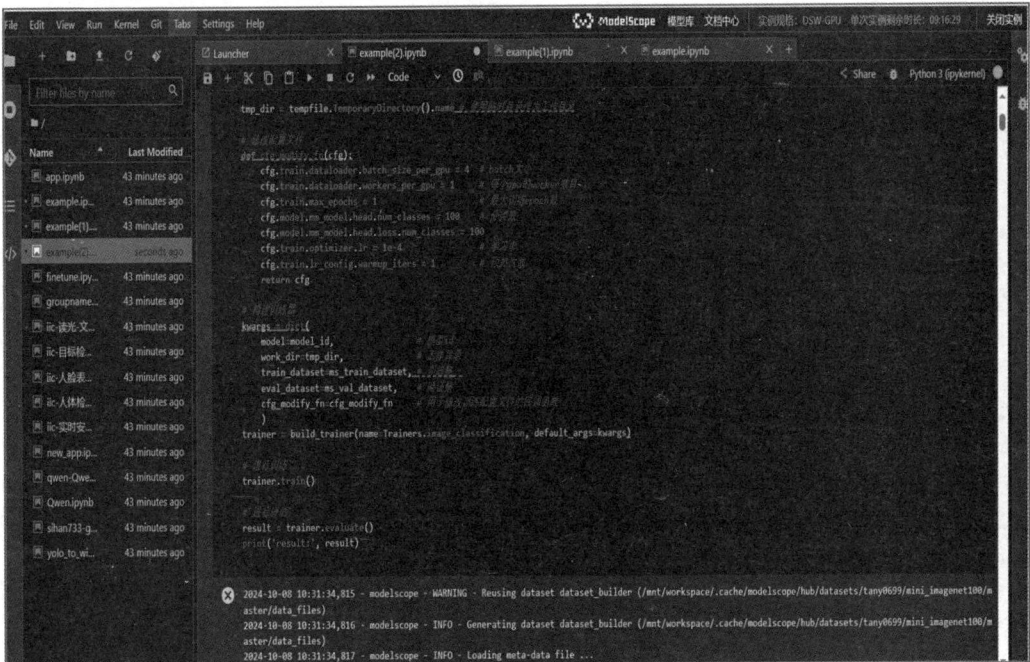

附图 2.6　BEiTv2 模型的微调界面

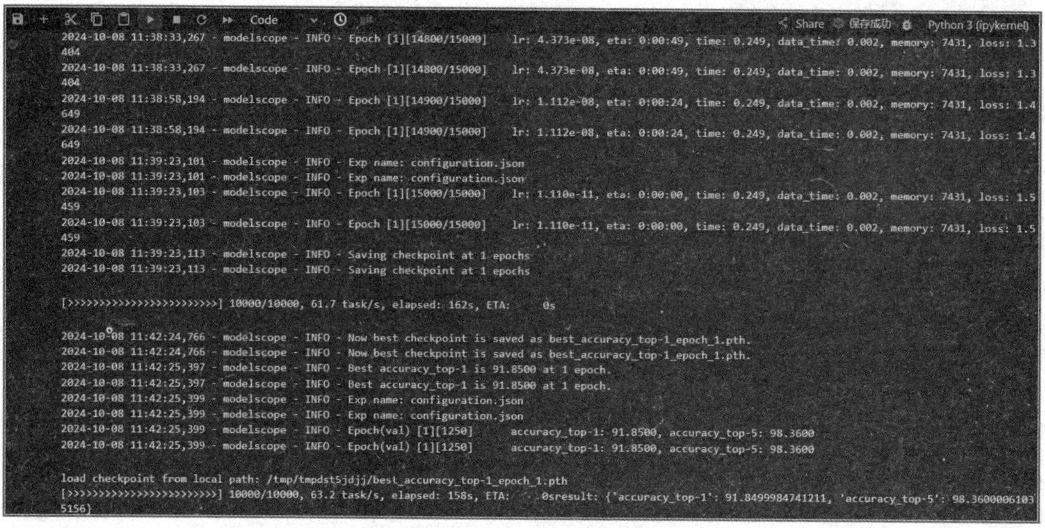

附图 2.7　微调过程和评估结果

　　除了使用公开数据集做迁移学习外，用户还可以根据需要自己准备数据集，但是需要根据预训练模型的要求，对采集的数据进行一定的预处理，具体的方法可以参考集体照人脸识别等案例。预处理后的数据上传附图 2.8 所示的模型文件区。

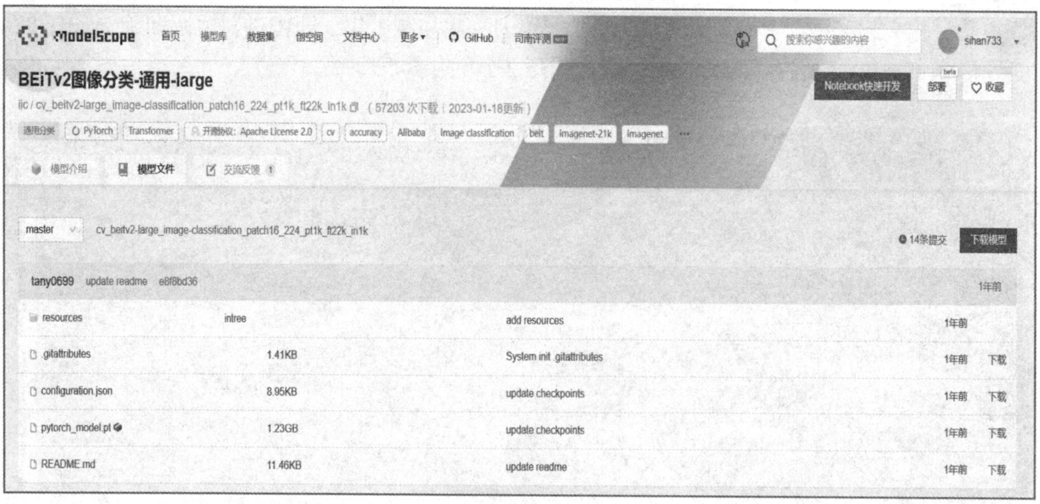

附图 2.8　模型文件区

　　模型文件还包括以下文件：预训练模型的权重文件，名字是 pytorch_model.pt；模型的说明文件 README；模型的配置文件（configuration.json），用于定义整个模型如何配置、如何训练和如何评估，如附图 2.9 所示。

　　微调需要很长的时间，结束评估达到一定的性能要求就可以部署，发布到创空间，具体的过程可以参考集体照人脸识别等案例，得到附图 2.10 所示的界面。其中的 app.py 是调用迁移学习后的推理代码，如附图 2.11 所示。

```
{
    "framework":"pytorch",
    "task":"image-classification",

    "pipeline": {
        "type":"common-image-classification"
    },

    "model": {
        "type": "ClassificationModel",
        "mm_model": {
            "type": "ImageClassifier",
            "pretrained": null,
            "backbone": {
                "type": "BEiTv2",
                "arch": "large",
                "patch_size": 16,
                "img_size": 224,
                "qkv_bias": true,
                "drop_rate": 0.0,
                "attn_drop_rate": 0.0,
                "drop_path_rate": 0.25,
                "init_values": 0.1,
                "use_abs_pos_emb": false,
                "use_rel_pos_bias": true,
                "use_mean_pooling": true,
                "init_scale": 0.001
            },
            "neck": null,
            "head": {
                "type": "LinearClsHead",
                "num_classes": 1000,
                "in_channels": 1024,
                "loss": {
                    "type": "LabelSmoothLoss",
                    "label_smooth_val": 0.1,
                    "num_classes": 1000,
                    "reduction": "mean",
                    "loss_weight": 1.0
                },
                "init_cfg": [
                    {
                        "type": "TruncNormal",
                        "layer": "Linear",
                        "std": 0.02,
                        "bias": 0.0
```

附图 2.9　配置文件内容

（a）模型文件

（b）模型创空间案例

附图 2.10　模型创空间演示

```
import gradio as gr
from PIL import Image, ImageDraw
from modelscope_studio import encode_image, decode_image, call_demo_service
import json
import os

def inference(img: Image) -> json:
    input_url = encode_image(img)
    #input_url = "https://modelscope.cn/api/v1/models/damo/cv_beitv2-large_image-classification_patch16_224_pt1k_ft22k_in1k
/repo?Revision=master&FilePath=resources/test.jpg&View=true&t=0.0024151161334831084"
    data = {
        "task":"image-classification",
        "inputs":[input_url],
        "urlPaths":{
            "inUrls":[
                {
                    "value": input_url,
                    "fileType":"jpg",
                    "type":"image",
                    "displayType":"ImgUpload",
                    "validator":{
                        "accept":"*.jpeg,*.jpg,*.png",
                        "max_size":"10m",
                        "max_resolution":"5000*5000"
                    },
                    "name":"",
                    "title":""
                }
            ]
        }
    }

    # 调用demo-service
    result = call_demo_service(
        path='damo', name='cv_beitv2-large_image-classification_patch16_224_pt1k_ft22k_in1k
', data=json.dumps(data))

    print(f"result: {result}")

    return {result['data']['labels'][i]: float(result['data']['scores'][i]) \
        for i in range(len(result['data']['labels']))}

title = "ViT日常物品图像分类"
description = "输入一张图片，输出这张图片所属的种类和概率。"
```

附图 2.11　app.py 代码